第一次全国自然灾害综合风险普查

内蒙古锡林郭勒盟西乌珠穆沁旗
气象灾害风险评估与区划报告

达布希拉图　赵艳丽　主编

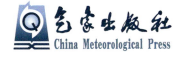

气象出版社
China Meteorological Press

内 容 简 介

本书首先介绍了内蒙古锡林郭勒盟西乌珠穆沁旗的自然环境、经济社会发展和主要气象灾害概况,然后分别介绍了西乌珠穆沁旗 1978—2020 年暴雨、干旱、大风、冰雹、高温、低温、雷电和雪灾共 8 种气象灾害的致灾因子特征、典型灾害过程,以及气象灾害致灾危险性评估及其针对人口、GDP 和牧草的风险评估与区划的资料、技术方法、评估与区划成果等,为旗(县)级气象灾害致灾危险性评估以及针对不同承灾体的风险评估与区划提供参考依据,以期客观认识西乌珠穆沁旗气象灾害综合风险水平,为地方各级政府有效开展气象灾害防治和应急管理工作、切实保障社会经济可持续发展提供气象灾害风险信息和科学决策依据。

图书在版编目(CIP)数据

内蒙古锡林郭勒盟西乌珠穆沁旗气象灾害风险评估与
区划报告 / 达布希拉图,赵艳丽主编. -- 北京 : 气象
出版社, 2022.10
　　ISBN 978-7-5029-7837-2

　　Ⅰ. ①内… Ⅱ. ①达… ②赵… Ⅲ. ①气象灾害—风
险评价—研究报告—西乌珠穆沁旗—1978-2020②气象灾害
—气候区划—研究报告—西乌珠穆沁旗—1978-2020
Ⅳ. ①P429

　　中国版本图书馆CIP数据核字(2022)第196019号

内蒙古锡林郭勒盟西乌珠穆沁旗气象灾害风险评估与区划报告
Neimenggu Xilinguole Meng Xi Wuzhumuqin Qi Qixiang Zaihai Fengxin Pinggu yu
Quhua Baogao

出版发行:气象出版社

地　　址:北京市海淀区中关村南大街 46 号		邮政编码:100081	

电　　话:010-68407112(总编室)　010-68408042(发行部)

网　　址:http://www.qxcbs.com　　　**E-mail:**　qxcbs@cma.gov.cn

责任编辑:张　斌　　　　　　　　　　　终　审:吴晓鹏

责任校对:张硕杰　　　　　　　　　　　责任技编:赵相宁

封面设计:地大彩印设计中心

印　　刷:北京建宏印刷有限公司

开　　本:787 mm×1092 mm　1/16　　　印　张:9.5

字　　数:243 千字

版　　次:2022 年 10 月第 1 版　　　　　印　次:2022 年 10 月第 1 次印刷

定　　价:80.00 元

内蒙古锡林郭勒盟西乌珠穆沁旗气象灾害风险评估与区划报告

编审委员会

主　　任：党志成

副主任：刘海波

委　　员：牛宝亮　李　毅　达布希拉图　卢　华　汝凤军

武艳娟　康　利　李纯彦　张　辉　孙　鑫

赵艳丽　王永利　李　忠　颜　斌　张　立

编写委员会

主　　编：达布希拉图　赵艳丽

副主编：白美兰　孙　鑫　王永利　刘晓东　张德龙

暴雨组：孟玉婧　董祝雷　徐蔚军

高温组：冯晓晶　奇奕轩　董祝雷

低温组：杨　晶　高　晶　刘啸然

雪灾组：于凤鸣　张　宇　赵悦晨

干旱组：刘　新　杨司琪　高志国　王海梅　乌　兰　刘　昊　张存厚

大风组：仲　夏　王雪严　赵　斐

冰雹组：云静波　张　璐　周志花

雷电组：宋昊泽　李庆君　东　方

信息技术组：何学敏　陈静超　刘　辉

编写分工

于凤鸣撰写第 1 章综述,并完成全书的合稿、排版。

孟玉婧撰写第 2 章暴雨第 2.2、2.5、2.6、2.7 节,董祝雷撰写第 2.3、2.4 节,徐蔚军撰写第 2.1 节。

刘新撰写第 3 章干旱第 3.1.1、3.1.2、3.1.7 节,杨司琪撰写第 3.1.3、3.1.4 节,高志国撰写第 3.1.5、3.1.6 节,王海梅撰写第 3.2.1、3.2.2、3.2.3 节,乌兰、刘昊撰写第 3.2.4。

仲夏撰写第 4 章大风第 4.2、4.5、4.6 节,王雪严撰写第 4.3、4.7 节,赵斐撰写第 4.1、4.4 节。

云静波撰写第 5 章冰雹第 5.1、5.2、5.7 节,张璐撰写第 5.5、5.6 节,周志花撰写第 5.3、5.4 节。

冯晓晶撰写第 6 章高温第 6.2、6.3、6.4、6.6、6.7 节,奇奕轩撰写第 6.1 节,董祝雷撰写第 6.5 节。

杨晶撰写第 7 章低温第 7.1、7.2、7.4、7.6 节,高晶撰写第 7.5 节,刘啸然撰写第 7.3 节。

宋昊泽撰写第 8 章雷电第 8.1、8.2、8.4、8.6 节,李庆君撰写第 8.5、8.7 节,东方撰写第 8.3 节。

于凤鸣撰写第 9 章雪灾第 9.1、9.2、9.4、9.5、9.7 节,张宇撰写第 9.3 节,赵悦晨撰写第 9.6 节。

何学敏负责西乌珠穆沁旗地面国家级气象站数据质量控制、订正以及数据集制作,陈静超负责地面国家级气象站数据梳理,刘辉负责地面国家级气象站数据统计处理。

目　录

第1章 综 述

1.1 自然环境概述

西乌珠穆沁旗位于锡林郭勒盟东北部,东经 116°21′～119°31′,北纬 43°57′～45°23′。北邻东乌珠穆沁旗,东与阿鲁科尔沁旗相邻,南和巴林左旗、巴林右旗、林西县、克什克腾旗接壤,西与锡林浩特市毗邻。总面积为 22434.5 km²,辖 5 个镇、2 个苏木、1 个林业总场(图 1.1)。

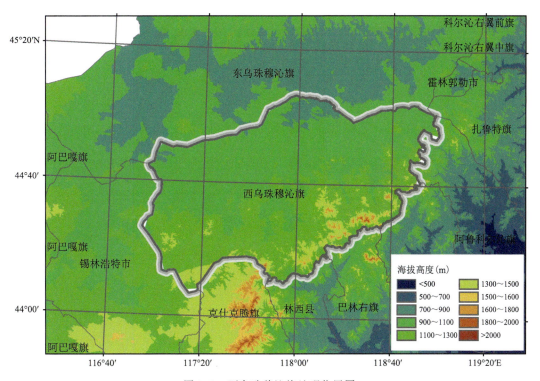

图 1.1 西乌珠穆沁旗地理位置图

西乌珠穆沁旗地处大兴安岭北麓,蒙古地槽东南,地势由东南向西北倾斜,海拔 835～1957 m;山地占 24.9%,多分布在东部地区。相对高差在 200 m 以上。低山丘陵和波状高平原分别占 27.7%和 40.5%,相间分布在中北部地区,高平原海拔 1000 m 左右。固定和半固定沙丘占 6.9%,呈带状,东西向横穿旗中部。

西乌珠穆沁旗地处中温带半干旱大陆性季风气候区,年平均气温 2 ℃;年平均降水量 324.9 mm;降水集中在夏季,日最大降水量 100.2 mm。

1.2　经济和社会发展概况

全旗总面积 2.75 万 km²，总人口 4.39 万(图 1.2)。

西乌珠穆沁旗农牧业资源丰富，2015 年，全市有耕地 1.97 万亩①，其中有效灌溉面积 1.97 万亩，草原面积 405.17 万亩，可利用草原面积 382.79 万亩。牧业年度家畜存栏 2285 万头(只)，其中牛存栏 12.2 万头、羊存栏 141.6 万只(图 1.3)。

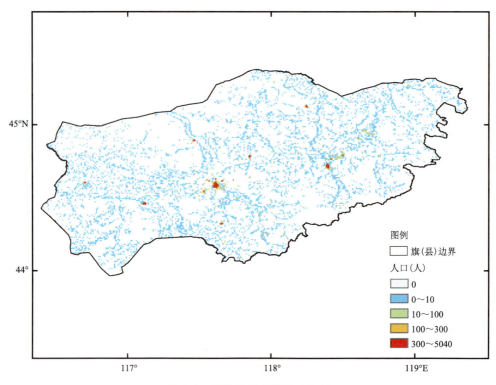

图 1.2　西乌珠穆沁旗人口分布

1.3　气象灾害概况

从历史灾情上看，西乌珠穆沁旗易发生的气象灾害为干旱、暴雨洪涝、冰雹、雪灾等。1978—2020 年西乌珠穆沁旗共发生 7 次暴雨过程，发生在 6 月和 7 月，其中 7 月暴雨过程次数最多，为 5 次，约占 71%。7 月暴雨过程降水量最大值高于 6 月，而 7 月 3 h 最大降水量则低于 6 月，表明 6 月暴雨短时强降水较强，而 7 月持续性降水偏多。收集到的 3 次有记录的暴雨灾害事件均发生在巴拉嘎尔高勒镇，因此西乌珠穆沁旗中部是主要暴雨灾害受灾地区。暴雨灾害事件雨灾影响的承灾体类型主要有农业受灾及内涝、暴雨导致的房屋倒塌、损坏等，其中 2018 年发生的暴雨灾害造成的损失最大，直接经济损失达 1928.0 万元。降水量偏少、气温

①　1 亩=1/15 hm²。

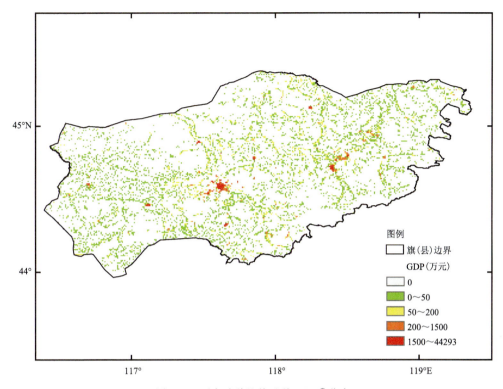

图例
　□ 旗(县)边界
　GDP(万元)
　□ 0
　■ 0~50
　■ 50~200
　■ 200~1500
　■ 1500~44293

图 1.3　西乌珠穆沁旗地均 GDP[①] 分布

偏高是导致干旱过程出现的主要原因,且历史干旱直接经济损失总体呈增大的特征;西乌珠穆沁旗经济风险等级分布与人口风险等级分布相似,总体上自东向西递增。西乌珠穆沁旗农牧业干旱危险分布中部低、四周高,依据致灾危险性评估结果分析,高海拔复杂地形地区致灾因子危险性高、承灾体暴露度高,农牧业干旱灾害风险高。西乌珠穆沁旗冰雹主要集中在 3 月至 10 月,平均降雹持续时间 4 月最长,降雹最大直径出现在 8 月,降雹主要出现在 10 时至 19 时,冰雹日数每年均在 10 d 以内并逐渐减少。西乌珠穆沁旗高温过程较少,强度较弱,高温灾害影响较小,灾情数据暂未收集到。西乌珠穆沁旗低温灾害类型主要包括冷空气、冷雨、湿雪,从普查的灾情信息看,西乌珠穆沁旗低温灾害主要为冷空气。从各类型低温灾害的致灾因子时空分布特征上看,在气候变暖背景下,近 60 年西乌珠穆沁旗各类低温灾害的致灾因子均呈减小或降低的趋势,但是由于低温事件的极端性并没有降低,低温极端天气气候事件的强度并没有降低,反而在气候变暖以后仍出现了历史最低的低温事件。从西乌珠穆沁旗雪灾历史灾情和所筛选的雪灾致灾因子来看,西乌珠穆沁旗是内蒙古区域内雪灾频发的地区,雪灾类型以白灾为主,主要影响牧区社会经济生产。从雪灾危险性评估和区划的结果来看,西乌珠穆沁旗与内蒙古其他地区相比,大部分属于高危险区。

---

　① 　GDP,国内生产总值。

第2章 暴 雨

2.1 数据

2.1.1 气象数据

使用内蒙古自治区气象信息中心提供的西乌珠穆沁旗范围内 1 个国家级地面气象观测站（西乌珠穆沁旗站）以及 7 个骨干区域自动气象站 2016—2020 年逐小时和逐日降水数据（图 2.1）。

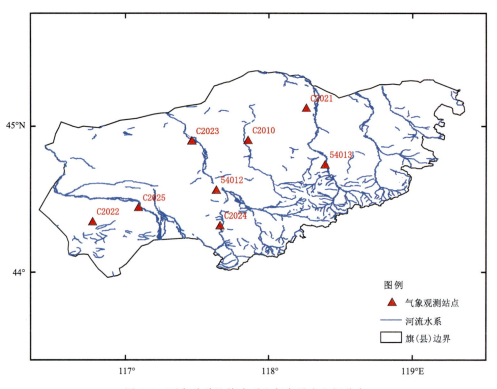

图 2.1 西乌珠穆沁旗水系和气象站点空间分布

2.1.2 地理信息数据

行政区划数据为国务院第一次全国自然灾害综合风险普查领导小组办公室（以下简称国务院普查办）共享的西乌珠穆沁旗行政边界。

西乌珠穆沁旗数字高程模型（DEM）数据为空间分辨率为 90 m 的 SRTM（Shuttle Radar

Topography Mission)数据(图 2.2)。

水系数据为内蒙古自治区气象信息中心提供的"中国 1 : 25 万公众版地形数据"中的水系数据(图 2.1)。

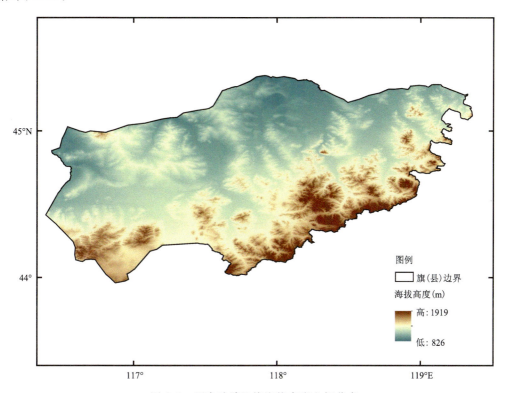

图 2.2　西乌珠穆沁旗海拔高度空间分布

2.1.3　地质灾害隐患点数据

根据内蒙古自治区国土资源厅提供的地质灾害隐患点数据可知,西乌珠穆沁旗既没有泥石流隐患点也没有滑坡隐患点。

2.1.4　承灾体数据

承灾体数据来源于国务院普查办共享的西乌珠穆沁旗的人口、GDP 和三大农作物(小麦、玉米、水稻)种植面积的标准格网数据,空间分辨率为 30″×30″(图 1.2、图 1.3)。由于西乌珠穆沁旗为牧区,因此西乌珠穆沁旗没有三大农作物种植。

2.1.5　历史灾情数据

历史灾情数据为西乌珠穆沁旗气象局通过全区第一次气象灾害风险调查收集到的暴雨灾情资料,主要来源于灾情直报系统、灾害大典、旗(县)统计局、旗(县)地方志以及地方民政局等。包括暴雨灾害历年(次)的受灾人口、死亡人口、农业受灾面积、直接经济损失以及当地当年的总人口、生产总值和种植面积等,空间尺度为旗(县)和乡(镇),时间范围为 1978—2020 年。

2.2 技术路线及方法

内蒙古暴雨灾害风险评估与区划技术路线如图 2.3 所示。

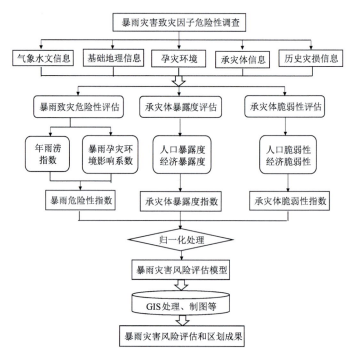

图 2.3 内蒙古暴雨灾害风险评估与区划技术路线

2.2.1 致灾过程确定

定义日降雨量（20 时至次日 20 时）≥50 mm 的降雨日为暴雨日。当暴雨日持续天数≥1 d 或中断日有中到大雨，且前后均为暴雨日的降水过程为暴雨过程。按照该暴雨过程的识别方法，基于西乌珠穆沁旗范围内 8 个气象站点的逐小时和逐日降水资料，分别确定 8 个气象站点近 5 年（2016—2020 年）的全部暴雨过程，并计算各暴雨过程的过程累计降雨量和最大 3 h 降水量。

2.2.2 致灾因子危险性评估

暴雨致灾危险性评估主要考虑暴雨事件和孕灾环境，因此内蒙古暴雨致灾危险性评估指标包括两个，分别为年雨涝指数和孕灾环境影响系数。

（1）年雨涝指数

1）暴雨灾害致灾因子识别

根据西乌珠穆沁旗暴雨灾害致灾特征，从降水总量以及暴雨过程的降水强度、降水持续时间等方面对致灾因子进行初步筛选，并借助收集到的 1978—2020 年西乌珠穆沁旗暴雨过程灾情解析识别出内蒙古西乌珠穆沁旗暴雨灾害致灾因子为：过程累计降水量和最大 3 h 降水量。

2)年雨涝指数分布

基于各站点所有暴雨过程的过程累计降雨量和最大 3 h 降水量,分别对两个致灾因子进行归一化处理,采用信息熵赋权法确定权重,加权求和得到各站点暴雨过程强度指数,分别累加各站点当年逐场暴雨过程的强度值,就得到各站点年雨涝指数。西乌珠穆沁旗年雨涝指数呈现"中部高、东西部低"的分布特征(图 2.4)。

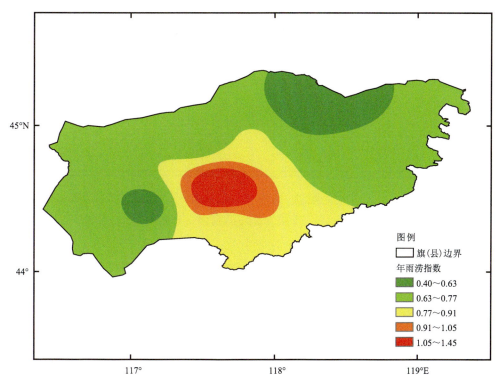

图 2.4　西乌珠穆沁旗年雨涝指数空间分布

(2)暴雨孕灾环境影响系数

暴雨孕灾环境指暴雨影响下,对形成洪涝、泥石流、滑坡、城市内涝等次生灾害起作用的自然环境。暴雨孕灾环境对暴雨成灾危险性起扩大或缩小作用。暴雨孕灾环境宜考虑地形、河网水系、地质灾害易发条件等,参考地方标准《暴雨过程危险性等级评估技术规范》(DB33/T 2025—2017),由于西乌珠穆沁旗没有泥石流和滑坡隐患点,因此西乌珠穆沁旗暴雨孕灾环境主要考虑了地形和水系两个因子。

1)地形因子影响系数

首先计算西乌珠穆沁旗的高程标准差。以评估点为中心,计算评估点与若干邻域点的高程标准差,计算方法如下:

$$S_h = \sqrt{\frac{\sum_{j=1}^{n}(h_j - \overline{h})^2}{n}}$$

式中,S_h 为高程标准差,h_j 为邻域点海拔高度(单位:m),$\overline{h}$ 为评估点海拔高度,n 为邻域点的个数(n 值宜大于等于 9)。基于西乌珠穆沁旗的 DEM 数据,采用 ArcGIS 软件的焦点统计工具,得到西乌珠穆沁旗的高程标准差。

在 GIS 中绝对高程可用数字高程模型来表达,并把海拔高度分成五级。高程标准差是表征该处地形变化程度的定量指标,并把高程标准差分成四级。根据地形因子中绝对高程越高相对高程标准差越小,暴雨危险程度越高的原则,对于内蒙古高海拔地区,根据内蒙古高程标准差和海拔高度的实际情况,修改了高程标准差和海拔高度的分区范围,从而确定了内蒙古地形因子影响系数,如表 2.1 所示。

表 2.1 地形因子影响系数赋值

海拔高度(m)	高程标准差			
	<5	[5,10)	[10,20)	≥20
<500	0.9	0.8	0.7	0.5
[500,800)	0.8	0.7	0.6	0.4
[800,1200)	0.7	0.6	0.5	0.3
[1200,1500)	0.6	0.5	0.4	0.2
≥1500	0.5	0.4	0.3	0.1

按照表 2.1 等级划分和相应的赋值,采用 ArcGIS 软件分别对西乌珠穆沁旗的海拔高度和高程标准差进行重分类、栅格计算和赋值,最终得到西乌珠穆沁旗的地形因子影响系数空间分布(图 2.5)。

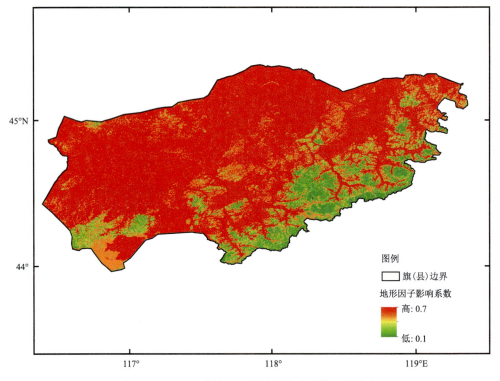

图 2.5 西乌珠穆沁旗地形因子影响系数空间分布

2)水系因子影响系数

采用水网密度赋值法计算水系因子影响系数。水网密度是指流域内干、支流总河长与流

域面积的比值或单位面积内自然与人工河道的总长度,水网密度反映了一定区域范围内河流的密集程度,计算公式如下:

$$S_r = \frac{l_r}{a}$$

式中,S_r 为水网密度(单位:km^{-1}),l_r 为水网长度(单位:km),a 为区域面积(单位:km^2)

根据西乌珠穆沁旗 1:25 万水系数据,采用 ArcGIS 软件的线密度工具,得到西乌珠穆沁旗的水网密度。根据水网密度,取相应水系因子影响系数,如表 2.2 所示。

表 2.2 水系因子影响系数赋值(水网密度法)

水网密度	赋值
<0.01	0
[0.01, 0.24)	0.1
[0.24, 0.41)	0.2
[0.41, 0.57)	0.3
[0.57, 0.74)	0.4
[0.74, 0.91)	0.5
[0.91, 1.08)	0.6
[1.08, 1.24)	0.7
[1.24, 1.41)	0.8
≥1.41	0.9

按照表 2.2 等级划分和相应的赋值,采用 ArcGIS 软件对西乌珠穆沁旗的水网密度进行重分类和赋值,最终得到西乌珠穆沁旗水系因子影响系数的空间分布(图 2.6)。

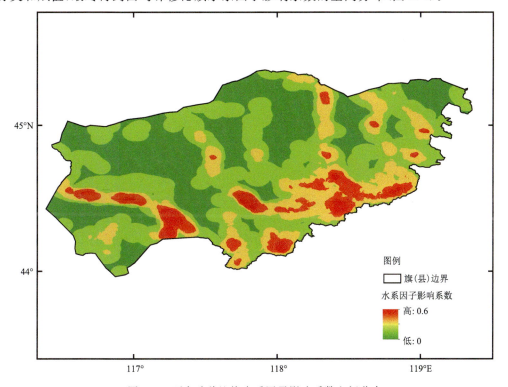

图 2.6 西乌珠穆沁旗水系因子影响系数空间分布

3）暴雨孕灾环境影响系数

暴雨孕灾环境影响系数的计算公式如下：

$$I_\varepsilon = w_h\, p_h + w_r\, p_r$$

式中，I_ε 为暴雨孕灾环境影响系数，p_h 为地形因子影响系数，p_r 为水系因子影响系数，w_h 和 w_r 分别为地形和水系因子系数的权重，总和为1。

采用信息熵赋权法确定权重，其中地形因子影响系数权重为0.68，水系因子影响系数权重为0.32，采用 ArcGIS 软件的栅格运算工具加权求和得到西乌珠穆沁旗暴雨孕灾环境影响系数的空间分布（图2.7）

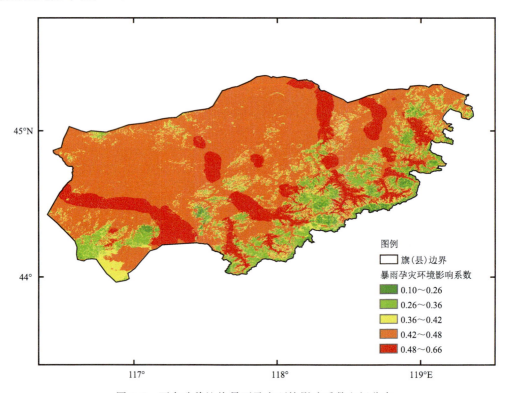

图 2.7 西乌珠穆沁旗暴雨孕灾环境影响系数空间分布

（3）暴雨致灾危险性指数

暴雨致灾危险性指数是由暴雨孕灾环境影响系数和年雨涝指数加权综合而得，计算公式如下：

致灾危险性指数＝A_1×暴雨孕灾环境影响系数＋A_2×年雨涝指数

式中，A_1 和 A_2 分别为暴雨孕灾环境影响系数和年雨涝指数的权重。采用信息熵赋权法确定权重，从而构建西乌珠穆沁旗暴雨致灾危险性指数的计算模型如下：

致灾危险性指数＝0.48×暴雨孕灾环境影响系数＋0.52×年雨涝指数

采用 ArcGIS 软件的栅格运算工具加权求和得到西乌珠穆沁旗暴雨致灾危险性指数。

（4）暴雨致灾危险性评估与分区

基于暴雨致灾危险性指数，结合西乌珠穆沁旗行政单元，采用自然断点法将暴雨致灾危险性等级划分为1～4级共4个等级，分别对应高、较高、较低和低。暴雨致灾危险性4个等级的级别含义和色值见表 2.3,进而在 GIS 平台上进行风险分区制图,得到暴雨灾害致灾危险性等级图。

表 2.3 暴雨致灾危险性分区等级、级别含义和色值

危险性等级	含义	色值(CMYK 值)
1 级	高危险性	100,70,40,0
2 级	较高危险性	70,50,10,0
3 级	较低危险性	55,30,10,0
4 级	低危险性	20,10,5,0

2.2.3 风险评估与区划

内蒙古暴雨灾害风险评估指标包括三个,分别为暴雨致灾危险性、承灾体暴露度和承灾体脆弱性,其中承灾体脆弱性根据实际资料情况作为可选的评估指标。

(1)主要承灾体暴露度

选取西乌珠穆沁旗主要承灾体人口和 GDP 进行暴露度分析,具体方法如下。

1)人口暴露度:各县常住人口密度。

2)经济暴露度:各县 GDP 密度。

分别将国务院普查办共享的西乌珠穆沁旗人口和 GDP 的 30″标准格网数据作为人口暴露度和经济暴露度指标,为了消除各指标的量纲差异,对人口暴露度、经济暴露度指标进行归一化处理。各个指标归一化计算公式为:

$$x' = \frac{x - x_{\min}}{x_{\max} - x_{\min}}$$

式中,x' 为归一化后的数据,x 为样本数据,$x_{\min}$ 为样本数据中的最小值,$x_{\max}$ 为样本数据中的最大值。

(2)主要承灾体脆弱性(可选)

选取承灾体人口和 GDP 进行脆弱性分析,具体方法如下。

1)人口脆弱性:因暴雨灾害造成的死亡人口和受灾人口占区域总人口比例。

2)经济脆弱性:因暴雨灾害造成的直接经济损失占区域 GDP 的比例。

由于调查已收集到的各乡(镇)死亡人口、受灾人口、当年乡(镇)总人口、直接经济损失和当年乡(镇)GDP 数据有限,无法满足计算承灾体脆弱性的数据要求,因此西乌珠穆沁旗暴雨灾害风险评估不考虑承灾体脆弱性。

(3)暴雨灾害风险评估指数

根据暴雨灾害风险形成原理及评价指标体系,分别将致灾危险性、承灾体暴露度和承灾体脆弱性各指标进行归一化,再加权综合建立暴雨灾害风险评估模型如下:

$$\mathrm{MDRI} = (\mathrm{TI}^{w_e})(\mathrm{EI}^{w_h})(\mathrm{VI}^{w_s})$$

式中,MDRI 为暴雨灾害风险指数,用于表示暴雨灾害风险程度,其值越大,则暴雨灾害风险程度越高,TI、EI、VI 分别表示暴雨致灾危险性、承灾体暴露度、承灾体脆弱性指数。w_e、w_h、w_s 是致灾危险性、承灾体暴露度和脆弱性指数的权重,权重的大小依据各因子对暴雨灾害的影响程度大小,根据信息熵赋权法,并结合当地实际情况确定。

由于受到历史灾情资料限制,因此西乌珠穆沁旗不考虑承灾体脆弱性,最终将致灾危险性和承灾体暴露度进行加权求积,从而得到西乌珠穆沁旗暴雨灾害风险评估结果。

针对人口和 GDP 不同承灾体分别构建暴雨灾害人口和 GDP 风险评估模型如下:

1)暴雨灾害人口风险＝暴雨致灾危险性$^{0.8}$(危险性)×区域人口密度$^{0.2}$(暴露度);

2)暴雨灾害 GDP 风险＝暴雨致灾危险性$^{0.8}$(危险性)×区域 GDP 密度$^{0.2}$(暴露度)。

采用 ArcGIS 软件的栅格运算工具,分别加权求积得到西乌珠穆沁旗暴雨灾害人口和 GDP 风险评估指数。

(4)暴雨灾害风险评估与分区

依据不同承灾体风险评估结果结合西乌珠穆沁旗行政单元,采用自然断点法将风险等级划分为 1~5 级共 5 个等级,分别对应高风险、较高风险、中风险、较低风险和低风险。人口和 GDP 的风险级别、含义和色值见表 2.4、表 2.5,进而在 GIS 平台上进行风险分区制图,得到暴雨灾害对不同承灾体风险分区图。

表 2.4 暴雨灾害人口风险分区等级、含义和色值

风险等级	含义	色值(CMYK 值)
1 级	高风险	0,100,100,25
2 级	较高风险	15,100,85,0
3 级	中风险	5,50,60,0
4 级	较低风险	5,35,40,0
5 级	低风险	0,15,15,0

表 2.5 暴雨灾害 GDP 风险分区等级、级别含义和色值

风险等级	含义	色值(CMYK 值)
1 级	高风险	15,100,85,0
2 级	较高风险	7,50,60,0
3 级	中风险	0,5,55,0
4 级	较低风险	0,2,25,0
5 级	低风险	0,0,10,0

2.3 致灾因子特征分析

主要分析西乌珠穆沁旗多年平均月降水量、多年雨季降水量、年暴雨日数和频次、年最大日降水量、不同重现期不同时段的最大降水量、暴雨过程和致灾因子特征以及历史灾情特征等。通过对西乌珠穆沁旗暴雨致灾危险性调查数据的特征分析,了解暴雨的发生频次、强度,为进一步的危险性评估提供研究基础。

2.3.1 历史特征分析

(1)多年平均月降水量

图 2.8 是 1978—2020 年西乌珠穆沁旗多年平均月降水量,从图中可以看出西乌珠穆沁旗

降水主要集中在5—9月,其中7月降水量最大,平均为97.1 mm,占全年降水量的28.9%,其次为8月和6月。夏季降水量约占年降水量的65.5%,而5—9月的降水量约占台站年降水量的85.4%。

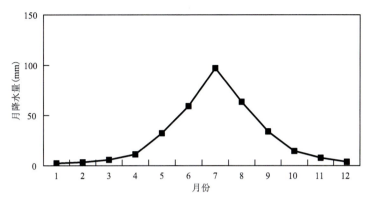

图2.8　1978—2020年西乌珠穆沁旗多年平均月降水量

(2)多年雨季降水量

1978—2020年西乌珠穆沁旗雨季(6—9月)降水量介于95.9 mm(2007年)和454.6 mm(1998年)之间。43年间西乌珠穆沁旗雨季降水量呈减少的趋势,平均每10年减少12.9 mm(图2.9)。

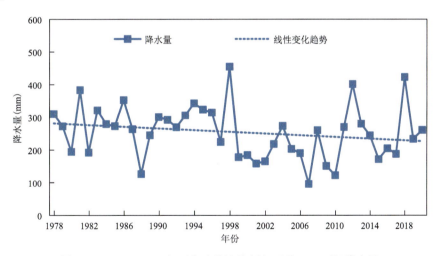

图2.9　1978—2020年西乌珠穆沁旗历年雨季(6—9月)降水量

图2.10是1978—2020年西乌珠穆沁旗雨季月降水量最大值,从图中可以看出,西乌珠穆沁旗雨季降水最大值出现在7月,最大可达284.6 mm,其次是6月,为160.8 mm;8月和9月的月降水量最大值也较大,均在90 mm以上。

(3)年暴雨日数

图2.11是1978—2020年西乌珠穆沁旗年暴雨日数和频次。从图中可以看出,43年间西乌珠穆沁旗有38年未出现暴雨,约占到88%;年暴雨日数为1 d的有4年,仅占9%;1994年暴雨日数为2 d,可见西乌珠穆沁旗历史上发生暴雨日数较少,且多为短时强降水,出现持续性

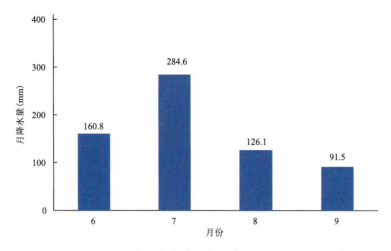

图 2.10　1978—2020 年西乌珠穆沁旗雨季(6—9 月)的月最大降水量

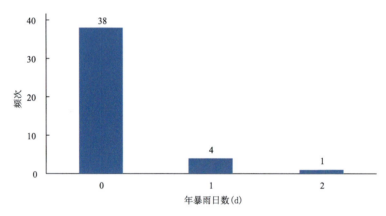

图 2.11　1978—2020 年西乌珠穆沁旗年暴雨日数和频次

暴雨更少。

图 2.12 是 1978—2020 年西乌珠穆沁旗年降水距平百分率和年暴雨日数。从图中可以看出,西乌珠穆沁旗年降水量变化趋势与雨季降水趋势相似,均呈减少趋势,平均每 10 年减少 2.2%。在 20 世纪 90 年后末期,西乌珠穆沁旗年降水经历一次显著突变,降水由偏多转为偏少。年暴雨日数则无明显变化趋势,其中 1994 年和 2018 年暴雨日数最多,均为 2 d。

(4)年最大日降水量

西乌珠穆沁旗年最大日降水量呈略减小趋势,平均每 10 年减小 2.1 mm,其中年最大日降水量发生在 2018 年 7 月 24 日,为 100.2 mm,达到大暴雨级别,1994 年和 1995 年最大日降水量分别为 90.1 mm 和 95.8 mm,其他年份日最大降水量均低于 60 mm(图 2.13)。

(5)重现期

西乌珠穆沁旗不同重现期下(5 年、10 年、20 年、50 年和 100 年一遇)不同日数和不同历时的最大降水量如图 2.14 所示。可以看出随着重现期的增大,西乌珠穆沁旗最大降水量呈缓慢增加趋势,且均在 100 年一遇最大,100 重现期的 1 d、3 d、5 d 和 10 d 最大降水量分别为 108.3 mm、117.5 mm、148.7 mm 和 196.5 mm。100 年重现期的 1 h、3 h、6 h、12 h 和 24 h 最

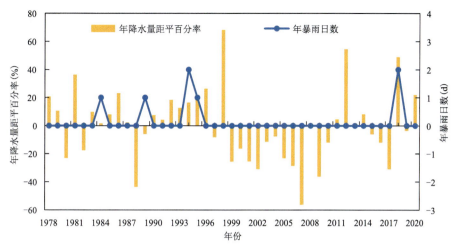

图 2.12 1978—2020 年西乌珠穆沁旗年降水量距平百分率和年暴雨日数

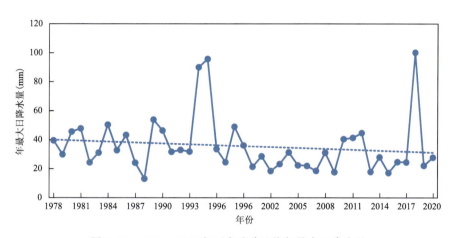

图 2.13 1978—2020 年西乌珠穆沁旗年最大日降水量

大降水量分别为 51.6 mm、74.2 mm、86.9 mm、108.7 mm 和 120.9 mm。

2.3.2 暴雨过程和致灾因子特征分析

1978—2020 年西乌珠穆沁旗共发生 7 次暴雨过程,其中 1994 年和 2018 年均发生 2 次,1984 年、1989 年和 1995 年均发生 1 次暴雨过程,其他年份均未出现暴雨过程。从最大过程降雨量来看,2018 年 7 月 24 日暴雨过程降水量最大,达到了 100.2 mm,其次是 1995 年和 1994 年,过程降水量分别为 95.8 mm 和 90.1 mm。从 3 h 最大降水量上来看,1995 年 6 月 29 日的 3 h 最大降水量最大,为 94.8 mm,占过程降水量的 99%,其次是 2018 年,为 84.1 mm,占过程降水量的 84%(图 2.15)。

西乌珠穆沁旗暴雨过程发生在 6 月和 7 月,其中 7 月暴雨过程次数最多,为 5 次,约占 71%,6 月出现过 2 次,约占 29%。7 月暴雨过程降水量最大值要高于 6 月,而 7 月 3 h 最大降水量则低于 6 月,表明 6 月暴雨短时降水强度较强,而 7 月持续性降水偏多(图 2.16)。

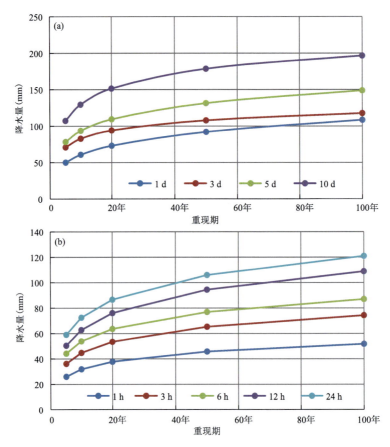

图 2.14 西乌珠穆沁旗不同重现期下不同日数（a）和不同历时（b）的最大降水量

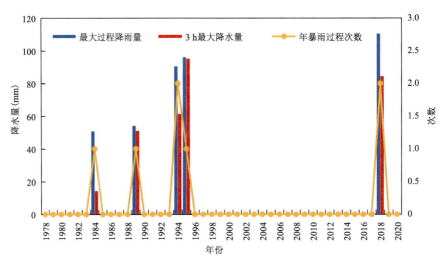

图 2.15 1978—2020 年西乌珠穆沁旗年暴雨过程次数、最大过程降雨量和 3 h 最大降雨量

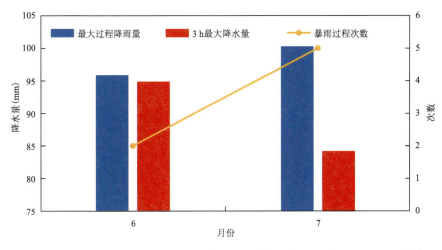

图 2.16　1978—2020 年西乌珠穆沁旗月暴雨过程次数、最大过程降雨量和 3 h 最大降雨量

2.3.3　暴雨灾害历史灾情分析

从已收集到的 1978—2020 年西乌珠穆沁旗暴雨灾害历史灾情数据(表 2.6)可知,总计 7 次暴雨过程,有具体灾情信息记录的 3 次,其中 2018 年发生的暴雨灾害造成的损失最大,直接经济损失达到 1928.0 万元。3 次有记录的暴雨灾害事件均发生在巴拉嘎尔高勒镇,因此西乌珠穆沁旗中部是主要暴雨灾害受灾区。暴雨灾害影响的承灾体类型主要有农业受灾以及内涝、暴雨导致的房屋倒塌、损坏等。

表 2.6　收集到的 1978—2020 年西乌珠穆沁旗暴雨灾害历史灾情

序号	开始时间 (年/月/日)	结束时间 (年/月/日)	灾情描述
1	1994/07/22	1994/07/22	182 间房屋倒塌,271 间房屋变成危房,直接经济损失 275.8 万元
2	1995/06/29	1995/6/29	直接经济损失 7.0 万元
3	2018/07/24	2018/7/24	此次降雨强度大,持续时间长,来势猛,山洪进入城区,造成大面积内涝。根据统计,受灾 541 人,分散安置 227 人,倒塌房屋 10 户 25 间,严重损坏房屋 42 户 97 间,一般损坏房屋 186 户 496 间,直接经济损失达到 1928.0 万元

2.4　典型过程分析

1994 年 7 月 21 日至 29 日,连续降雨 190.5 mm,最大日降水量 90.1 mm,最大小时雨量 61.1 mm。造成 182 间房屋倒塌,271 间房屋变成危房,直接经济损失 275.8 万元。

2018 年 7 月 24 日下午,巴拉嘎尔高勒镇出现了大暴雨,单日降水量 100.2 mm,最大小时雨量 32.2 mm。此次降雨强度大,持续时间长,来势猛,山洪进入城区,造成大面积内涝。根据统计,西乌珠穆沁旗受灾 541 人,分散安置 227 人,倒塌房屋 10 户 25 间,严重损坏房屋 42 户 97 间,一般损坏房屋 186 户 496 间,直接经济损失达到 1928 万元。

2.5　致灾危险性评估

基于西乌珠穆沁旗暴雨致灾危险性指数,综合考虑行政区划,采用自然断点法将暴雨致灾危险性进行空间单元的划分,共划分为 4 个等级(表 2.7),分别为高危险性(1 级)、较高危险性(2 级)、较低危险性(3 级)和低危险性(4 级),并绘制西乌珠穆沁旗暴雨致灾危险性评估图(图 2.17)。

表 2.7　西乌珠穆沁旗暴雨灾害致灾危险性等级

危险性等级	含义	指标
4	低危险性	0.27～0.46
3	较低危险性	0.46～0.52
2	较高危险性	0.52～0.58
1	高危险性	0.58～0.80

由图 2.17 可知,西乌珠穆沁旗暴雨致灾危险性总体呈"中部高、东西部低"的分布特征,这一分布特征与年雨涝指数分布特征一致。其中暴雨高危险区主要位于西乌珠穆沁旗的中部和东南部主河道附近,而低危险区主要位于高日罕镇西部和东部、吉仁高勒镇南部等地区。

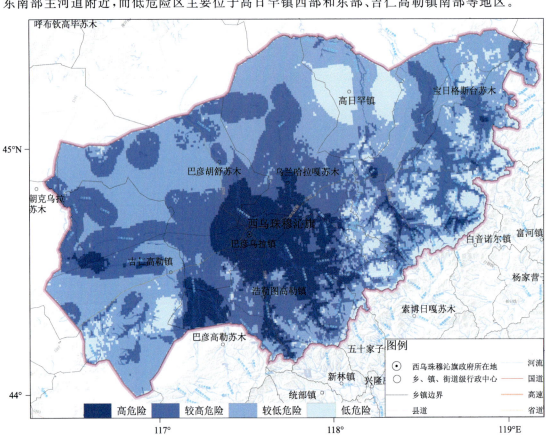

图 2.17　西乌珠穆沁旗暴雨灾害危险性等级区划

2.6 灾害风险评估与区划

2.6.1 人口风险评估与区划

基于西乌珠穆沁旗暴雨灾害人口风险评估指数,结合行政单元进行空间划分,采用自然断点法将风险等级划分为 5 个等级(表 2.8),分别对应高风险(1 级)、较高风险(2 级)、中等风险(3 级)、较低风险(4 级)和低风险(5 级),并绘制西乌珠穆沁旗暴雨灾害人口风险区划图(图 2.18)。

表 2.8 西乌珠穆沁旗暴雨灾害人口风险等级

风险等级	含义	指标
5	低风险	0.00~0.13
4	较低风险	0.13~0.18
3	中风险	0.18~0.29
2	较高风险	0.29~0.46
1	高风险	0.46~0.75

由图 2.18 可知,西乌珠穆沁旗暴雨灾害人口风险空间分布特征与其人口密度分布特征类似,即人口越集中的地区,其人口受灾风险越高。暴雨灾害人口高风险区主要位于中部城区,其他地区相对较低。

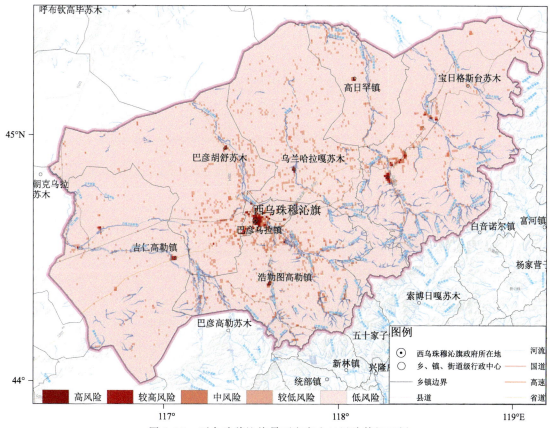

图 2.18 西乌珠穆沁旗暴雨灾害人口风险等级区划

2.6.2　GDP 风险评估与区划

基于西乌珠穆沁旗暴雨灾害 GDP 风险评估指数,结合行政单元进行空间划分,采用自然断点法将风险等级划分为 5 个等级(表 2.9),分别对应高风险(1 级)、较高风险(2 级)、中等风险(3 级)、较低风险(4 级)和低风险(5 级),并绘制西乌珠穆沁旗暴雨灾害 GDP 风险区划图(图 2.19)。

表 2.9　西乌珠穆沁旗暴雨灾害 GDP 风险等级

风险等级	含义	指标
5	低风险	0.00～0.15
4	较低风险	0.15～0.20
3	中风险	0.20～0.32
2	较高风险	0.32～0.52
1	高风险	0.52～0.80

由图 2.19 可知,西乌珠穆沁旗暴雨灾害 GDP 风险空间分布特征与其 GDP 密度分布基本一致,即 GDP 越集中的地区,其 GDP 损失风险越高。暴雨灾害 GDP 损失高风险区主要位于中部城区,其他地区相对较低。

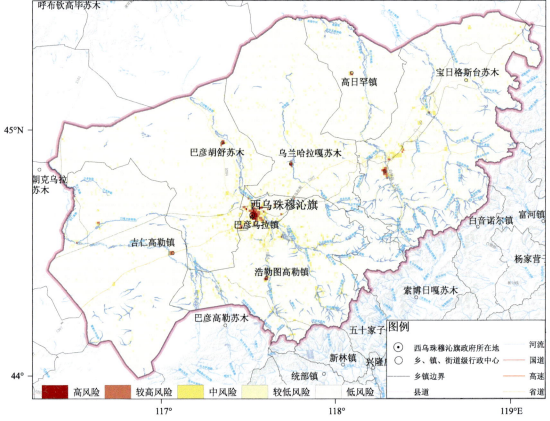

图 2.19　西乌珠穆沁旗暴雨灾害 GDP 风险等级区划

2.7　小结

1978—2020 年西乌珠穆沁旗共发生 7 次暴雨过程,发生在 6 月和 7 月,其中 7 月暴雨过程次数最多,为 5 次,约占 71%。1994 年和 2018 年均发生 2 次,有 3 年发生过 1 次,其他年份均未出现暴雨过程。最大过程降雨量的极大值发生在 2018 年 7 月 24 日,达到 100.2 mm;3 h 最大降雨量的极大值发生 1995 年 6 月 29 日,达到 94.8 mm,占过程降水量的 99%;7 月暴雨过程降水量最大值要高于 6 月,而 7 月 3 h 最大降水量则低于 6 月,表明 6 月暴雨短时降水强度较强,而 7 月持续性降水偏多。

收集到的 3 次有记录的暴雨灾害事件中均发生在巴拉嘎尔高勒镇。暴雨灾害事件雨灾影响的类型主要有农业受灾及内涝、暴雨导致的房屋倒塌、损坏等,其中 2018 年发生的暴雨灾害造成的损失最大,直接经济损失达到 1928.0 万元。

西乌珠穆沁旗暴雨致灾危险性总体呈"中部高、东西部低"的分布特征,暴雨高危险区主要位于西乌珠穆沁旗的中部和东南部主河道附近。暴雨灾害人口和 GDP 风险主要集中在各乡(镇)城区,其中高风险区均主要位于中部城区,其他地区相对较低。

由于西乌珠穆沁旗范围内只有 1 个国家级地面气象观测站,为了增加站点密度,新增了 7 个区域自动气象站,但区域气象站的观测年限短,仅有 5 年,为了保证数据的一致,因此计算西乌珠穆沁旗年雨涝指数时统计时段统一采用 2016—2020 年的降水数据,降水序列较短,因此目前内蒙古降水资料的精度一定程度影响了致灾因子的确定和暴雨致灾危险性指数的计算。同时,由于收集到与西乌珠穆沁旗暴雨过程相匹配的灾情条数少(仅收集到 3 条),且其中部分灾情灾害过程的信息不完整或无法分离出对应受灾乡(镇)的灾情数据,特别是受灾人口、死亡人口、直接经济损失与当年当地的总人口和 GDP 等主要承灾体脆弱性评估数据缺失,导致西乌珠穆沁旗人口和 GDP 的风险评估与区划过程中无法考虑承灾体的脆弱性,从而对西乌珠穆沁旗人口和 GDP 风险评估与区划结果的准确度造成一定影响,评估结果存在一定的不确定性。

第 3 章 干 旱

3.1 气象干旱

3.1.1 数据

3.1.1.1 气象数据

致灾因子调查所用气象数据来自西乌珠穆沁旗国家级气象站历史气象观测资料,包括降水量、气温、日照、风速、相对湿度、蒸发量、土壤湿度等。

评估与区划所用气象数据来自中国第一代全球陆面再分析产品(CRA)中西乌珠穆沁旗行政区划范围内及周边区域的格点数据,分辨率为 34 km×34 km,包括:降水量、气温。

3.1.1.2 地理信息数据

行政区划数据为国务院普查办下发的内蒙古旗(县)边界,提取其中西乌珠穆沁旗行政边界。西乌珠穆沁旗数字高程模型(DEM)数据为空间分辨率为 90 m 的 SRTM (Shuttle Radar Topography Mission)数据。

3.1.1.3 社会经济数据

人口格网数据来源于国务院普查办下发的 30″人口网格数据;GDP 格网数据来源于国务院普查办下发的 30″GDP 网格数据。

3.1.1.4 灾情数据

灾情数据来自西乌珠穆沁旗调查数据,包括干旱灾害历年(次)受灾面积、绝收面积、受灾人口、直接经济损失等,空间尺度为县域,时间范围为 1978—2020 年。

3.1.2 技术路线及方法

气象干旱风险评估与区划工作总体上分为三部分内容(图 3.1)。

(1)致灾因子危险性调查,包括基础数据的收集及预处理、干旱过程客观识别、干旱过程及灾情的匹配核查。

(2)干旱危险性评估,基于气象干旱综合指数(MCI),通过计算不同重现期年干旱过程总累计强度阈值,利用熵权法确定权重并加权,结合海拔高度数据加权综合成干旱危险性评估指数,并进行干旱致灾危险性等级划分,最终绘制干旱危险性评估图。

(3)干旱灾害风险评估,基于多指标权重综合分析法,结合干旱危险性、暴露度和脆弱性计算干旱风险评估指数,并进行干旱风险评估等级划分,最终绘制干旱直接经济损失/受灾人口风险评估图。

总体技术路线如图 3.1 所示。

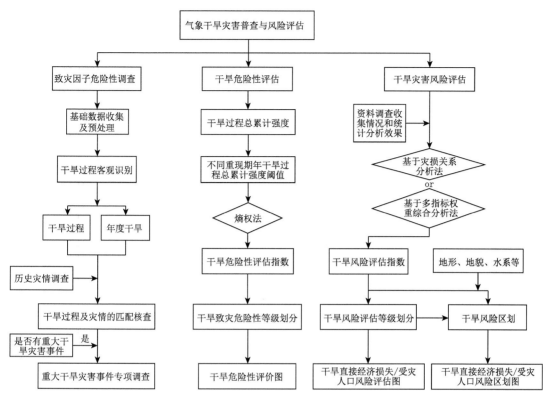

图 3.1 内蒙古西乌珠穆沁旗气象干旱灾害风险评估与区划技术路线图

3.1.2.1 致灾过程确定

1. 气象干旱指数的选取及计算

选取气象干旱综合指数(MCI)作为基础指标,该指标可进行逐日干旱监测。计算方法参见《气象干旱等级》(GB/T 20481—2017)。

2. 干旱过程识别

干旱过程识别以 MCI 为基础指标。试点旗(县)气象干旱过程识别采用单站干旱过程识别方法。具体如下:当某站连续 15 d 及以上出现轻旱及以上等级干旱,且至少有 1 d 干旱等级达到中旱及以上,则判定为发生一次干旱过程。干旱过程时段内第一次出现轻旱的日期为干旱过程开始日;干旱过程发生后,当连续 5 d 干旱等级为无旱或偏湿时,则干旱过程结束,干旱过程结束前最后一天干旱等级为轻旱或以上的日期为干旱过程结束日。某站点干旱过程开始日到结束日(含结束日)的总天数为该站干旱过程日数。在此基础上计算单站干旱过程强度。

3.1.2.2 致灾因子危险性评估

1. 危险性指数确定

基于选取的致灾因子,采用反映干旱强度、发生频率多指标权重综合分析方法开展危险性评估:

$$H = \sum_{i=1}^{n} X_i W_i$$

式中,X_i、W_i 分别为危险性指标的标准化值和权重;i 为危险性的第 i 个指标;H 为危险性指数。选取的危险性指标包括基于年过程总累计强度的干旱危险性指数及海拔高度。

基于 MCI 指数，统计年尺度干旱过程总累计强度，分析不同重现期的年干旱过程总累计强度的阈值。年干旱过程总累计强度为年尺度内多次干旱过程中的累计干旱强度的总和，日干旱等级可为轻旱或中旱等级及以上。该指标可以反映干旱时长和强度的综合指标。具体计算公式如下：

$$\text{SMCI} = \sum_{j=1}^{m} \sum_{i=1}^{n} \text{MCI}_{ij}$$

式中，SMCI 为单站年多次干旱过程累计干旱强度（绝对值），MCI_{ij} 为 j 干旱过程中第 i 天气象干旱综合指数，n 为 j 干旱过程持续天数，m 为站点年干旱过程数。

基于年尺度历史序列，通过对比检验优选拟合分布函数，计算 5 年、10 年、20 年、50 年、100 年一遇的阈值 T_5、T_{10}、T_{20}、T_{50}、T_{100}，如果没有合适的分布函数，也可采用百分位的方法计算。基于年过程总累计强度的干旱危险性指数可以用下式表达：

$$H = a_1 \times T_5 + a_2 \times T_{10} + a_3 \times T_{20} + a_4 \times T_{50} + a_5 \times T_{100}$$

式中，a_1、a_2、a_3、a_4、a_5 分别为 5 年、10 年、20 年、50 年、100 年一遇的阈值权重。

2. 权重确定方法

指标权重可采用下式计算：

$$W_j = \frac{\sqrt{W_{1j} \times W_{2j}}}{\sum \sqrt{W_{1j} \times W_{2j}}}$$

式中，W_j 为指标 j 的综合权重；W_{1j} 为指标 j 的主观权重，采用层次分析法获取；W_{2j} 为指标 j 的客观权重，采用信息熵赋权法计算。

3. 归一化方法

由于分析中各要素及其包含的具体指标间的量纲和数量级都不同，为了消除这种差异，使各指标间具有可比性，需要对每个指标做归一化处理。归一化出来后的指标值均位于 0.5～1。

指标归一化的计算公式：

$$D_{ij} = 0.5 + 0.5 \times (A_{ij} - \min_i)/(\max_i - \min_i)$$

式中，D_{ij} 是 j 区第 i 个指标的规范化值；A_{ij} 是 j 区第 i 个指标值；$\min_i$ 和 $\max_i$ 分别是第 i 个指标值的最小值和最大值。

4. 干旱致灾危险性等级划分

根据干旱危险性指数大小，按照自然断点法进行等级划分，划分为 1～4 共 4 个等级，分别对应高危险、较高危险、较低危险、低危险等级。

3.1.2.3 风险评估与区划

基于干旱灾害风险原理，干旱灾害风险（RI）由致灾因子危险性（H）、承灾体暴露度（E）、承灾体脆弱性（V）构成。因此，干旱灾害风险的表达式为：

$$\text{RI} = H \times E \times V$$

根据资料调查收集情况和统计分析效果择优选取方法：第 1 种方法是基于灾损关系的风险评估方法；第 2 种方法是基于多指标权重综合分析的风险评估方法。本次试点气象干旱灾害风险评估选用方法 2：基于危险性指标，选择代表不同承灾体暴露度和脆弱性的指标，采用多指标权重综合分析的方法,分别开展直接经济损失、受灾人口、干旱风险评估。

1. 干旱危险性指数计算

经济、人口干旱危险性指数参见 3.1.2.1 节中的方法。

2. 干旱灾害暴露度指数

采用区域范围内人口密度、地均 GDP 作为评价指标来表征人口、经济承灾体暴露度(E),以下式表示:

$$E = \frac{S_m}{S} \times 100\%$$

式中,S_m 为某区域内承灾体的数量,m 为第 m 个指标,针对人口、经济,S_m 为区域多年平均人口、地区 GDP;S 为区域总面积。

3. 干旱脆弱性指数

人口和经济干旱脆弱性以灾损率表示。围绕经济、人口承灾体,选择相应的年度或过程干旱灾情损失指标,如:干旱直接经济损失、干旱受灾人口等,结合历年 GDP、人口等社会经济统计资料,基于县域尺度计算相应的灾损率。计算公式如下:

干旱直接经济损失率=干旱直接经济损失/区域生产总值

干旱受灾人口损失率=干旱受灾人口/区域总人口

4. 干旱风险评估等级划分

基于风险评估指数,根据研究范围按照自然断点法进行等级划分,共分为 1~5 共 5 个等级,分别对应高风险、较高风险、中风险、较低风险、低风险等级。

3.1.3 致灾因子特征分析

西乌珠穆沁旗(简称西乌旗)地处大兴安岭北麓,地势由东南向西北倾斜。属中纬度内陆区,大陆性气候明显,雨热同期。降水分布不均,年际变化大。降水从东南向西北递减,热量从东南向西北递增,使全旗不同地区形成水热的不同组合。降水少、蒸发大,且降水时空分布不均,植被的生长发育常受水热条件的限制,干旱时有发生。

3.1.3.1 历次气象干旱过程特征

从历次气象干旱过程特征(图 3.2)来看,西乌旗 1955—2020 年共出现气象干旱过程 86 次,年干旱过程发生次数为 0~4 次(1983 年),过程持续天数为 15~161 d(1968 年),过程最长

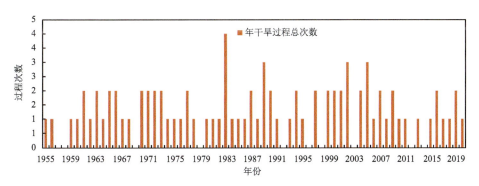

图 3.2　1955—2020 年西乌旗年干旱过程总次数变化

连续无降水日数在 3 d(1983、1985 年)~29 d(2006 年)。过程强度以弱干旱为主,共发生 38 次,占总次数的 44%;较强、强、特强干旱过程分别发生 31 次、10 次和 7 次,分别占总次数的 36%、12% 和 8%。

分析干旱过程累计降水量,多数干旱过程在结束前至少经历过一次明显的降水过程;部分干旱过程由于强度轻,较小的降水过程对旱情就能有所缓解。从各次过程降水距平百分比来看,降水距平百分比均为负(图 3.3)。

分析过程平均气温,多数干旱过程在发生干旱期间平均气温较常年同期偏高,部分过程偏高 2 ℃以上(图 3.4)。

可见降水量偏少、气温偏高是导致干旱出现的主要原因。

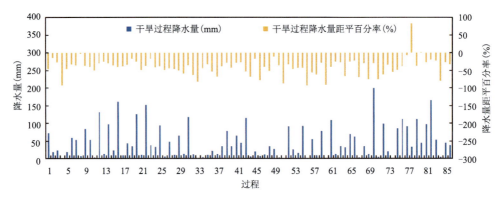

图 3.3　西乌旗历次干旱过程降水量及降水量距平百分率变化

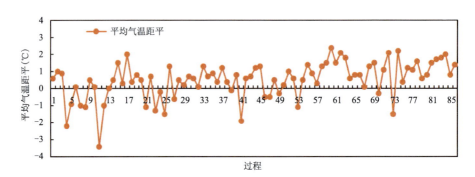

图 3.4　西乌旗历次干旱过程平均气温距平变化

分析历次干旱过程发生时间,开始时间主要集中在 3—8 月,总体上以 4 月开始居多,占 26.7%;其次为 5 月,占 24.4%;7 月开始过程也较多,占 20.9%。结束时间主要集中在 4—10 月,总体上以 5、6 月结束居多,均占 19.1%;其次为 7 月,占 15.7%。春旱共发生 24 次,占总过程次数的 27.9%;夏旱共发生 22 次,占总过程次数的 25.6%;无秋旱发生;春夏连旱共发生 22 次,占总过程次数的 25.6%;夏秋连旱共发生 14 次,占总过程次数的 16.3%;春夏秋连旱共发生 4 次,占总过程次数的 4.6%。

3.1.3.2　年度气象干旱特征

从年度气象干旱特征看,年降水量在 146.6 mm(2007 年)～564.5 mm(1998 年)(图 3.5),最长连续干旱日数在 0～133 d(1988 年)(图 3.6)。轻旱日数平均每年出现 38 d,最多年份出现在 1968 年(98 d);中旱日数平均每年出现 24 d,最多年份出现在 2006 年(83 d);重旱日数平均每年出现 8 d,最多年份出现在 1968 年(47 d);特旱日数平均每年出现 5 d,最多年份出现在 2007 年(52 d)。干旱过程发生频率为 1.3 次/a,其中弱干旱过程 0.7 次/a、较强干旱过程 0.5 次/a、强干旱过程 0.2 次/a、特强干旱过程 0.1 次/a。

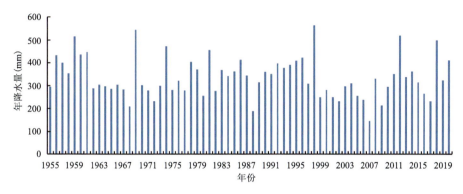

图 3.5　1955—2020 年西乌旗年降水量变化

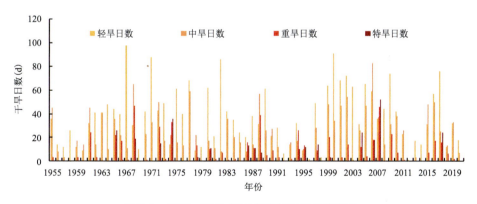

图 3.6　1955—2020 年西乌旗年干旱日数变化

分析干旱日数年变化趋势,干旱日数总体呈波动变化趋势(图 3.7)。其中,1968、2006、2007 年干旱日数为 150～200 d;1961、1965、1967、1971、1972、1974、1977、1980、1982、1988、1999—2002、2005—2007、2009、2015—2017 年干旱日数为 100～150 d。2006 年干旱日数最多,为 178 d;2012 年干旱日数最少,仅有 1 d。

分析年轻旱日数特征(图 3.8),1967、1971、1982、2000 年轻旱日数在 80 d 以上,1975、1977、1980、1989、1999、2001—2003、2005、2006、2009、2017 年轻旱日数为 60～80 d,1967 年轻旱日数最多,为 98 d,2012 年轻旱日数最少,仅有 1 d。1958、1969、1979、1992、1996、1998、2012、2014 年轻旱占比最大,均达到 100%;1974 年最小,为 13.3%;轻旱占比的平均为 58.5%。

分析年中旱日数特征(图 3.9),2006 年中旱日数超过 80 d,1968 年中旱日数为 60～80 d,

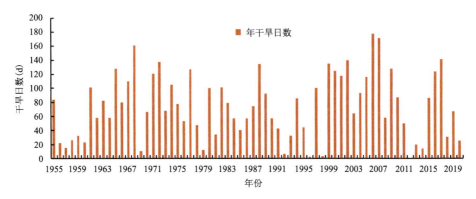

图 3.7　1955—2020 年干旱总日数变化

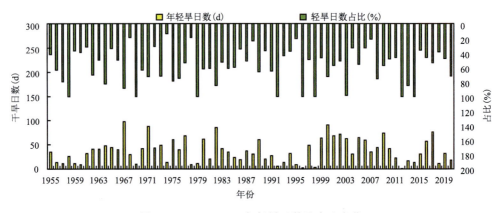

图 3.8　1955—2020 年轻旱日数及占比变化

1955、1961、1963、1972、1977、1988、1999、2001、2005、2015、2016 年中旱日数为 40～60 d；2006年中旱日数最多，为 82 d，2003 年中旱日数最少，仅有 1 d，共有 8 年未出现中旱。1960 年中旱占比最大，为 60.9%；2003 年最小，为 1.6%；中旱占比的平均为 28.8%。

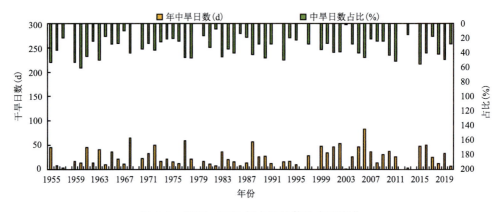

图 3.9　1955—2020 年中旱日数及占比变化

分析年重旱日数特征（图 3.10），1968、2007 年重旱日数均在 40 d 以上；1961、1965、1972、1974、1988、1994、1999、2009 年重旱日数 20～40 d。1968 年重旱日数最多，为 47 d，1967、

1983、2011 年重旱日数最少,仅有 1 d,共有 24 年未出现重旱。1974 年重旱占比最大,为 34%;1967 年最小,为 0.9%,重旱占比平均为 8.5%。

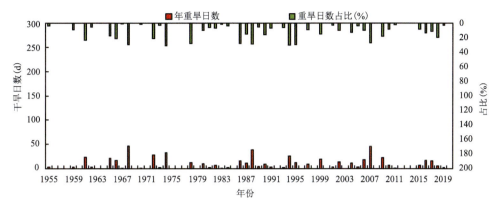

图 3.10   1955—2020 年重旱日数及占比变化

分析年特旱日数特征(图 3.11),1965、1974、2004、2007、2017 年特旱日数均在 20 d 以上;2007 年特旱日数最多,为 52 d,1966 年特旱日数最少,为 1 d,共有 48 年未出现特旱。1974 年特旱占比最大,为 34.3%;1966 年最小,为 1.3%;特旱占比的平均为 4.2%。

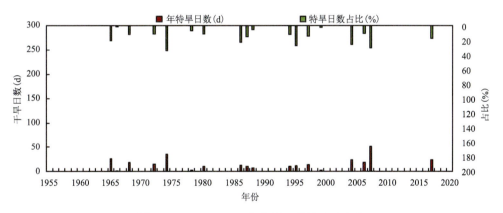

图 3.11   1955—2020 年特旱日数及占比变化

3.1.3.3   历史灾情特征

分析历年干旱直接经济损失(图 3.12),总体呈波动上升趋势,其中 2016 年干旱损失近 15 亿元,为历史之最;2009 年直接经济损失 2 亿元以上,其余年份干旱灾害直接经济损失均低于 1 亿元。

分析历年干旱受灾人口(图 3.13),2007—2009 年受灾人口最多,2009 年受灾 4.2 万人以上,2016 年受灾 4.1 万余人,2000 年受灾 4 万人,其余年份干旱灾害受灾人口均低于 4 万。

3.1.4   典型过程分析

2009 年 7 月 10 日至 10 月 18 日,西乌旗出现强干旱过程,过程持续时间 100 d,过程降水量 85.4 mm,较常年同期偏少 49.8%,气温较常年同期偏高 0.4 ℃,最长连续无降水日数达

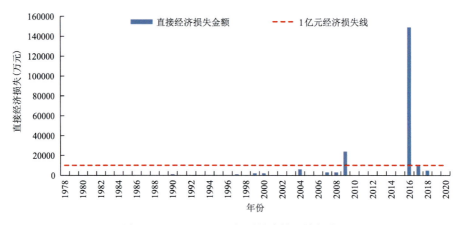

图 3.12 1978—2020 年干旱直接经济损失

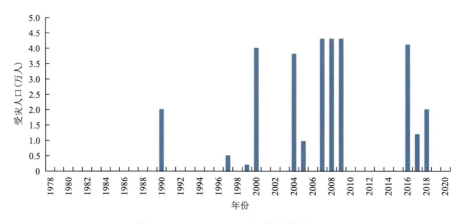

图 3.13 1978—2020 年干旱受灾人口

21 d。此次干旱过程造成 4.2 万余人受灾,其中 830 人饮水困难,19.6 万 hm² 农作物受灾,共造成直接经济损失 2.4 亿元。

2017 年 5 月 17 日至 8 月 15 日,西乌旗出现强干旱过程,过程持续时间 90 d,过程降水量 165.6 mm,比常年同期偏少 19.6%,气温较常年同期偏高 1.8 ℃,最长连续无降水日数达 11 d,土壤相对湿度最小为 52%。此次干旱过程造成近 1.2 万人受灾,其中 1215 人饮水困难,近 70 万 hm² 农作物受灾,共造成直接经济损失 9436 万元。

3.1.5 致灾危险性评估

根据致灾因子危险性评估方法计算干旱危险性评估指数,并根据干旱危险性评估等级划分标准划分为低危险性、较低危险性、较高危险性、高危险性 4 个等级(表 3.1),绘制干旱致灾危险性评估图(图 3.14)并进分析。

西乌旗干旱致灾危险性评估图如图 3.14 所示,危险性自东向西递增,宝日格斯台苏木和浩勒图高勒镇中部地区为低危险性,高日罕镇大部、乌兰哈拉嘎苏木南部、巴彦乌拉镇大部、浩勒图高勒镇大部为较低危险性,其余地区为较高以上危险性等级,其中乌兰哈拉嘎苏木西北部、巴彦胡舒苏木西北部、吉仁高勒镇西部等为高危险性。

表 3.1 西乌珠穆沁旗干旱致灾危险性等级

危险性等级	含义	指标
4	低危险性	0.123～0.233
3	较低危险性	0.233～0.326
2	较高危险性	0.326～0.429
1	高危险性	0.429～0.650

图 3.14 西乌旗干旱灾害危险性等级区划

3.1.6 灾害风险评估与区划

根据技术规范,基于西乌珠穆沁旗普查汇交数据及致灾因子危险性评估结果,结合不同承灾体暴露度和脆弱性指标,采用多指标权重综合分析的方法,得到直接经济损失和受灾人口风险评估指数。由于调查到灾情数据仅限于县域尺度,无法计算县域范围内不同区域的灾损率,因此本报告中近似认为县域范围内承灾体脆弱性一致。根据风险评估等级划分标准将直接经济损失和受灾人口风险评估指数划分为五级,分别为低、较低、中、较高、高风险等级(表 3.2),绘制干旱受灾人口风险评估图并进行分析(图 3.15)、干旱直接经济风险评估图(图 3.16)。

3.1.6.1 人口风险评估与区划

西乌珠穆沁旗大部分地区干旱灾害人口风险均为低风险,全旗大部分区域零星散布着较低风险的区域,个别地区有中风险区域,高风险和较高风险主要集中在中部的巴拉嘎尔高勒镇地区。

表 3.2 西乌珠穆沁旗干旱灾害人口风险等级

风险等级	含义	指标
5	低风险	0.250~0.296
4	较低风险	0.296~0.333
3	中风险	0.333~0.372
2	较高风险	0.372~0.412
1	高风险	0.412~0.613

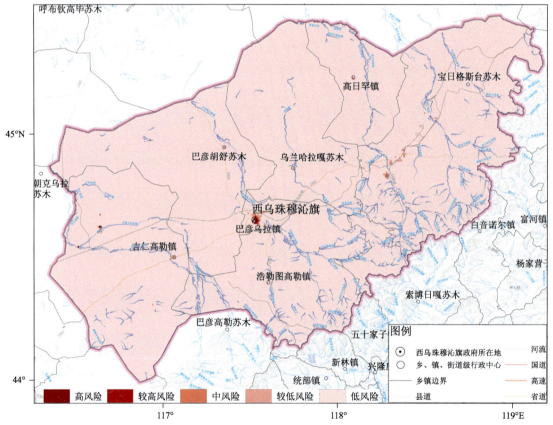

图 3.15 西乌旗干旱受灾人口风险等级区划

3.1.6.2 GDP 风险评估与区划

西乌珠穆沁旗大部地区干旱灾害 GDP 风险空间分布与人口风险分布相似,西乌珠穆沁旗大部分地区均为低风险,零星散布着较低风险的区域,个别地区有中风险区域,高风险和较高风险主要集中在西乌珠穆沁旗中部的巴拉嘎尔高勒镇地区(表 3.3,图 3.16)。

表 3.3　西乌珠穆沁旗干旱灾害 GDP 风险等级

风险等级	含义	指标
5	低风险	0.250～0.296
4	较低风险	0.296～0.333
3	中风险	0.333～0.372
2	较高风险	0.372～0.415
1	高风险	0.415～0.653

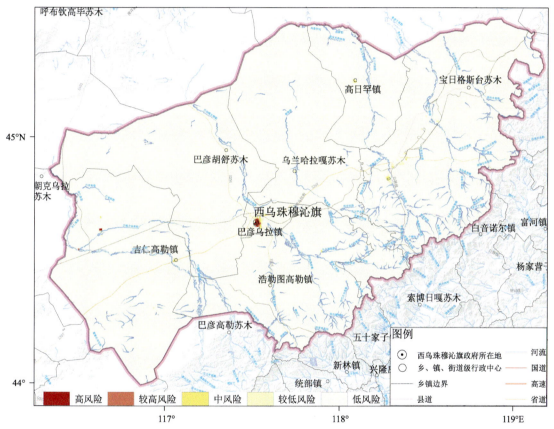

图 3.16　西乌旗干旱灾害 GDP 风险等级区划

3.1.7　小结

西乌珠穆沁旗年干旱过程次数在 0～4 次之间,过程强度等级以弱干旱过程为主,春旱和夏旱居多,春夏连旱也时有发生,降水量偏少、气温偏高是导致干旱过程出现的主要原因。年干旱日数呈波动变化,近年来干旱日数呈减少趋势,轻旱日数占比增大。西乌珠穆沁旗干旱致灾危险性等级总体自东向西递增,乌兰哈拉嘎苏木西北部、巴彦胡舒苏木西北部、吉仁高勒镇西部等地为高危险性区域。干旱灾害人口、GDP 风险的高、较高风险区主要集中在旗政府所在地等人口和经济较为集中的区域。

3.2 农牧业干旱

3.2.1 数据

3.2.1.1 气象数据

范围：全区 119 个气象站。

时间：1990—2020 年。

灾情数据：内蒙古气候中心提供的灾情直报数据(1983—2013 年)、《中国气象灾害大典·内蒙古卷》、内蒙古气候公报(2000—2020 年)关于旱灾灾情的描述。综合以上三部分资料，将关于旱灾灾情的描述部分进行定量化、数字化处理，用于干旱灾害历史危险性的分析。

潜在危险性评估选取降水距平百分率、干燥度指数、气象干旱等级 3 个指标。通过 3 个指标的计算结果与干旱等级划分及灾情数据的对比分析，最终确定干旱指标：草原所有站点冬季干旱标准使用月尺度降水距平百分率(P)划分的气象干旱等级标准，即月降水距平百分率≥−25%为无旱，−50%≤P<−25%为轻旱，−70%≤P<−50%为中旱，P<−70%为重旱；草原站点其他季节采用降水距平百分率根据气象行业标准《北方草原干旱指标》划分指标等级（表 3.4），共分为 5 级。

表 3.4　降水距平百分率指标干旱等级

草原类型	季节	干旱等级				
		无旱	轻旱	中旱	重旱	特旱
草甸草原	春季	≥20	−10≤P<20	−40≤P<−10	−70≤P<−40	<−70
	夏季	≥10	−10≤P<10	−30≤P<−10	−50≤P<−30	<−50
	秋季	≥20	−10≤P<20	−40≤P<−10	−70≤P<−40	<−70
典型草原	春季	≥30	0≤P<30	−30≤P<0	−60≤P<−30	<−60
	夏季	≥10	−10≤P<10	−30≤P<−10	−50≤P<−30	<−50
	秋季	≥30	0≤P<30	−30≤P<0	−60≤P<−30	<−60
荒漠草原	春季	≥40	20≤P<40	−10≤P<20	−30≤P<−10	<−30
	夏季	≥10	−20≤P<10	−50≤P<−20	−80≤P<−50	<−80
	秋季	≥40	20≤P<40	−10≤P<20	−30≤P<−10	<−30

牧区干旱的潜在危险性分析考虑了中国气象局陆面数据同化系统(简称 CLDAS)降水融合数据(分辨率 6 km)，1961—2007 年降水距平百分率仍然利用气象观测站数据，2008—2016 采用降水融合数据来计算降水距平百分率，并依据以上干旱指标来划分干旱等级。

CLDAS 是利用数据融合与同化技术，对地面观测数据、卫星遥感资料、数值模式产品等多源数据进行融合同化，获取格点化的温度、气压、湿度、风速、降水和辐射等气象要素，并驱动公用陆面模式(Community Land Model 3.5)获得土壤温度、湿度等陆面数据。CLDAS 数据集包括逐小时、空间分辨率为 0.0625°×0.0625°的东亚区域 2 m 高度处比湿、地表气压、地面短波辐射、降水、2 m 高度处气温、10 m 高度处风速、土壤相对湿度等气象要素。其中气温、气压、比湿、风速使用多重网格三维变分(LAPS/The Space and Time Mesoscale Analysis System，STMAS)的同化方法,利用了包括中国基本气象站、基准气象站、一般气象站在内的2421 个国家级自动站以及业务考核的 29452 个区域自动气象站的逐时观测数据,综合考虑台站信息(经纬度、海拔高度等),在 NCEP/GFS 背景场基础上制作而成,研究表明,融合自动气象站观测数据后的同化数据更接近实测资料。

3.2.1.2　地理信息数据

在综合考虑牧区干旱灾害发生特点的基础上,承灾体暴露度因子选用海拔高度、河网密度等因子,所用资料包括:

①DEM 数据:空间分辨率 1 km,范围为内蒙古及周边地区,由 SRTM 的 90 m 数据重采样得到;

②坡度数据:空间分辨率 1 km,范围为内蒙古及周边地区,由 SRTM 的 90 m 高程数据反演及重采样得到;

③距河流距离:原始数据使用 1:5 万基础地理信息数据的河网数据,利用 ArcGIS 的成本距离计算工具计算得到,每个栅格值代表该栅格点中心位置到最近河流的距离。

在牧业生产中,干旱灾害所造成的牧草减产、绝产都会给牧区带来巨大的经济损失。衡量一个地区牧业经济发展规模可采用牲畜密度来反映。在牧区干旱灾害风险评价中,牲畜密度能够代表干旱灾害对该地造成经济损失的易损程度,牲畜密度大的区域,在遭遇干旱时受灾严重。数据来源于《内蒙古社会经济统计年鉴》(2010 年)中的大牲畜数量数据,采用 IDW 空间插值方法得到空间分布数据。

牧区干旱的另一个重要的承灾体即为草地,草地也是地区畜牧业发展的最基本且重要的生产资料,因此,植被覆盖度及其分布作为衡量草地受干旱后草地受灾大小的指标。植被覆盖度越大,其需水量相对而言就越大,因此干旱灾害发生时承灾体脆弱性就越高。按照自然断点分级法可将内蒙古植被覆盖状况分为四个等级,分别为低覆盖度、较低覆盖度、中覆盖度和高覆盖度。数据来源:MODIS NDVI 数据,2000—2020 年第 209—225 天 NDVI 平均值,空间分辨率为 231.67 m。

3.2.1.3　社会经济数据

就内蒙古牧区干旱灾害的抗灾减灾能力而言,主要考虑救灾和减少干旱灾害损失的可能性,选择路网分布、打储草能力(GDP)等指标。一个地区的防灾减灾能力与其经济发展水平是密不可分的。没有经济基础,防灾减灾无从谈起。对地方政府而言,政府决定着对灾害的监测、应急管理、减灾投入等资源准备等,这些基础建设与行动措施均需要财政的支持;同时,交通状况也是影响抗旱减灾措施实施的重要因素。在地区经济基础较好、交通便利的地区,干旱灾害发生时能及时实施牧草调运等措施,抗旱减灾能力较强。

3.2.2　技术路线及方法

3.2.2.1　实施方案

气象灾害是一个特殊的变异系统,它是由致灾因子、孕灾环境、承灾体等部分组成。自然的变异并不等于灾害,只有这种变异对人类社会及其生存环境、资源等形成危害或造成损失时,才能视为灾害。在一个特定地理区域内,孕灾环境一般具有相对的稳定性;致灾因子是自然变异的具体体现,致灾因子对灾情的形成起重要作用;而灾情的形成取决于致灾因子对承灾体的影响,同样的致灾因子作用于不同的承灾体会形成不同的灾情。人类及其创造的文明社会在气象灾害系统中扮演承灾体的角色,人类活动不仅能改变承灾体,同时影响到孕灾环境和灾情构成。

致灾因子、孕灾环境、承灾体的相互作用共同对干旱灾害风险的时空分布、易损程度造成影响,灾害形成就是承灾体不能适应或调整环境变化的结果。在干旱灾害风险评价的过程中,三者缺一不可。

在收集整理全区气象观测资料、灾情资料,查阅已有成果和文献的基础上,综合考虑干旱灾害的致灾因子危险性、承灾体暴露度、承灾体脆弱性等,借鉴国内外分析以上灾害常用的因子,对各灾害风险分析的要素进行筛选,借助 GIS 的空间分析功能定量地分析干旱灾害各因子,在灾害风险理论的基础上,开展干旱灾害的风险性区划工作,根据区划结果进行分区描述(图 3.17)。

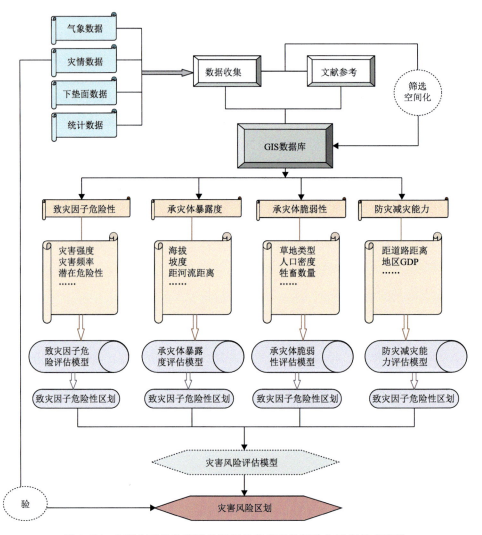

图 3.17 内蒙古西乌珠穆旗牧区干旱灾害风险评估与区划技术路线

3.2.2.2　研究方法

研究过程中充分利用 GIS 技术,将致灾因子危险性、承灾体暴露度、承灾体脆弱性、防灾减灾能力模块以栅格图层的形式在空间上进行表达,通过空间分析运算,获得牧区干旱灾害风险分级的空间分布图。各因子和各模块之间权重系数的确定采用主观和客观相结合的方法,主要包括专家打分法、层次分析法、熵权系数法。

1. 专家打分法

专家打分法是指通过征询有关专家的意见,对专家意见进行统计、处理、分析和归纳,客观地综合多数专家的经验与主观判断,对大量难以采用技术方法进行定量分析的因素做出合理估算,经过多轮意见征询、反馈和调整后,对各因子的权重进行分析的方法。

(1)选择专家;

(2)确定影响因子权重的因素,设计专家征询意见表;

(3)向专家提供相关的背景资料,征询专家意见;

(4)对专家意见进行分析汇总,将统计结果反馈给专家;

(5)专家根据反馈结果修正自己的意见;

(6)经过多轮匿名征询和意见反馈,形成最终分析结论。

2. 层次分析法

层次分析法(Analytic Hierarchy Process,简称 AHP)是美国运筹学家匹茨堡大学教授萨蒂于 20 世纪 70 年代初提出的一种分析方法。层次分析法(AHP)将一个复杂的多目标决策问题作为一个系统,将目标分解为多个目标或准则,进而分解为多指标的若干层次,通过定性指标模糊量化方法算出层次单排序和总排序作为目标、多方案优化决策的系统方法。

层次分析法是一种比较简单可行的决策方法,其主要优点是可以解决多目标的复杂问题。AHP 法也是一种定性与定量相结合的方法,将复杂的决策系层次化,通过逐层比较各种关联因素的重要性来为分析以及最终的决策提供定量的依据,能把定性因素定量化,将人的主观判断用数学表达处理,并能在一定程度上检验和减少主观影响,使评价更趋于科学化。层次分析法的特点是在对复杂的决策问题的本质、影响因素及其内在关系等进行深入分析的基础上,利用较少的定量信息使决策的思维过程数字化,从而为多目标、多准则或无结构特性的复杂决策问题提供简便的决策方法。尤其适合于对决策结果难以直接准确计量的场合。

3. 熵权系数法

熵最先由申农引入信息论,目前已经在工程技术、社会经济等领域得到了非常广泛的应用。熵权法的基本思路是根据指标变异的大小来确定客观权重。一般来说,若某个指标的信息熵 E_j 越小,表明指标值的变异程度越大,提供的信息量越多,在综合评价中所能起到的作用也越大,其权重也就越大。相反,某个指标的信息熵 E_j 越大,表明指标值的变异程度越小,提供的信息量也越少,在综合评价中所起到的作用也越小,其权重也就越小。

熵权法赋权步骤:

(1)数据标准化

将各个指标的数据进行标准化处理。

假设给定了 k 个指标 $x_1, x_2, \cdots, x_k$,其中 $X_i = \{x_1, x_2, \cdots, x_n\}$。假设对各指标数据标准化后的值为 $Y_1, Y_2, \cdots, Y_k$,那么 $Y_{ij} = \dfrac{x_{ij} - \min(X_i)}{\max(X_i) - \min(X_i)}$。

（2）求各指标的信息熵

根据信息论中信息熵的定义，一组数据的信息熵。

$$E_j = -\ln(n)^{-1} \sum_{i=1}^{n} p_{ij} \ln p_{ij}$$ 。其中 $p_{ij} = Y_{ij} / \sum_{i=1}^{n} Y_{ij}$，如果 $p_{ij} = 0$，则定义 $\lim_{p_n \to 0} p_{ij} \ln p_{ij} = 0$ 。

（3）确定各指标权重

根据信息熵的计算公式，计算出各个指标的信息熵为 $E_1, E_2, \cdots, E_k$。通过信息熵计算各指标的权重：$W_i = \dfrac{1 - E_i}{k - \sum E_i}(i = 1, 2, \cdots, k)$。

4. 空间分析方法

空间分析法是一种基于空间数据的深度分析技术，它以地学原理为基础，通过分析运算，从空间数据中获得关于地理对象的空间位置和分布、空间形态和形成与空间演变等多种信息。空间分析法是地理信息系统科学内容中最重要的组成部分，是评价地理信息系统功能的重要指标之一。空间分析是地理信息系统不同于其他类型系统的一个最重要的功能特征，是各种综合性地学分析模型的基础构件。空间分析是通过对空间数据的深度加工和分析，从而获取新的信息。

GIS 在空间数据采集、处理、存储与组织、空间查询以及图形交互显示等方面具有强大的功能，而干旱灾害评估是一种时间、空间非常复杂的过程，数据量大，关系复杂，其属性与空间数据有密切关系。空间过程是生态环境、社会经济和地理系统的基本运动形式之一，空间分析是指分析、模拟、预测和调控空间过程的一系列理论和技术。

5. 加权综合评价法

加权综合评价法是一种广泛应用于决策或方案整体评价和优选的方法，其优点为具有全面性，从整体出发，考虑到了各种指标因子对评价目标的影响，并将各指标因子对评价目标的影响综合为一个数量化的指标，从而使得分析过程简便且同时具有精确性。加权综合评价法实际上就是在计算过程中根据相应因子对评价目标的影响程度分配各因子的权重系数，并将权重系数和量化后的各因子对应起来，而后进行相乘和相加。

6. 自然灾害风险指数法

自然灾害风险是指未来若干年内由于自然因子变异的可能性及其造成损失的程度。基于自然风险指数法，结合已有研究成果，可认为草原牧区的自然风险是由致灾因子危险性、承灾体暴露度、承灾体脆弱性、防灾减灾能力共同构成的，因此可以得出自然灾害风险的数学计算公式为：

干旱灾害风险指数＝致灾因子危险性×承灾体暴露度×承灾体脆弱性×防灾减灾能力

7. 指标归一化

通常来讲，各个指标之间的量纲和数量级各不相同，因此，在进行分析时不能直接进行比较。有的指标值越大代表其相应的风险度越高，如干旱灾害发生频率越高，其风险度就越大。而有的指标值则相反，指标值越大，相应的风险度就越小。为了消除数据量纲的影响和可以使数据之间具有可比性，各种指标可以达到一个指向，就需要把选取的相应指标的原始数据进行无量纲化处理，具体方法如下。

正向指标是指其值越大，干旱灾害风险度越大，其公式如下：

新值＝（原数据－极小值）/（极大值－极小值）

负向指标是指其值越大,干旱灾害风险度反而越小,其公式如下:
$$新值＝(原数据－极大值)/(极大值－极小值)$$

3.2.2.3　风险评估与区划

根据灾害风险综合评估模型,干旱对牧业影响的风险大小是致灾因子危险性(A)、承灾体暴露度(B)、承灾体脆弱性(C)和防灾抗灾能力(D)4 个因子综合作用的结果,将以上 4 个因子的区划结果进行空间尺度匹配,结合各模块对内蒙古牧区局地孕灾环境的不同贡献程度,采用专家打分和层次分析相结合的方法,得到各因子的权重系数(表3.5),空间分析后计算得到内蒙古牧区干旱灾害风险指数。利用自然断点法结合内蒙古牧区历史干旱灾情数据,将内蒙古牧区干旱灾害风险指数分为 5 级,绘制内蒙古牧区干旱灾害风险区划图。

依据自然灾害风险数学计算公式,确定出干旱灾害风险评估指数计算公式如下:
$$DRI＝A^{w_1}\times B^{w_2}\times C^{w_3}\times(1-D)^{w_4}$$
式中:DRI 代表干旱灾害风险指数,用于表示风险程度,其值越大,则干旱灾害的风险程度越大,A、B、C、D 的值分别表示风险评价模型中的致灾因子的危险性、孕灾环境的敏感性、承灾体的脆弱性和防灾减灾能力各评价因子指数。w_1、w_2、w_3 和 w_4 为各评价因子的权重系数。

表 3.7　干旱灾害各因子权重系数

因子	致灾因子危险性 (w_1)	孕灾环境敏感性 (w_2)	承灾体脆弱性 (w_3)	防灾减灾能力 (w_4)
权重系数	0.5193	0.2009	0.2009	0.0789

3.2.3　致灾因子特征分析

3.2.3.1　致灾过程确定

1. 历史危险性分析

范围:全区 119 个气象站;

时间:1990—2020 年;

灾情数据:内蒙古气候中心提供的灾情直报数据(1983—2013)、《中国气象灾害大典·内蒙古卷》、内蒙古气候公报(2000—2020 年)关于旱灾灾情的描述。综合以上三部分资料,将关于旱灾灾情的描述部分进行定量化、数字化处理,用于干旱灾害历史危险性的分析。

(1)灾情数据数字化

根据关于各盟(市)方位的划分结果及各气象站点的空间分布,将各气象站历年干旱严重程度和发生次数进行定量化记录(分春、夏、秋、年),旱记录为 3,重旱记录为 5,空为无旱;黑灾发生在牧区冬季,有记录为 3。

(2)计算历史危险性指数

历史灾情危险性与干旱强度、发生频次密切相关,强度越大、频次越高,旱灾所造成的损失越严重。历史灾情危险性指数的计算方法:根据灾害强度、出现次数,两者相乘再累加来表示。
$$历史危险性指数＝灾害强度\times灾害发生频率$$
历史危险性指数＝强度(5)×该强度的次数(n_1)＋…＋强度(3)×该强度的次数(n_2)＋…＋强度(1)×该强度的次数(n_3)

按照以上方法,统计了 1960 年以来春季、夏季、秋季、冬季干旱的发生次数和强度,计算各牧业气象站干旱历史灾情危险性指数,利用 GIS 进行空间插值处理,得出各季节及年干旱危险性指数的分布图。

(3)历史危险性综合分析

通过将春季、夏季、秋季、冬季致灾因子危险性图层确定权重系数(春季:0.35、夏季:0.35、秋季:0.15、冬季:0.15)的方法,空间迭代运算后,得到年的干旱历史危险性。

2. 潜在危险性分析

选取降水距平百分率、干燥度指数、气象干旱等级三个指标。通过三个指标的计算结果与干旱等级划分,以及与灾情数据的对比分析,最终确定干旱指标:草甸草原站及所有站冬季干旱标准使用月尺度降水距平百分率划分的气象干旱等级标准,即月降水距平百分率 $P_a > -25\%$ 为无旱,$-50\% < P_a \leqslant -25\%$ 为轻旱,$-70\% < P_a \leqslant -50\%$ 为中旱,$P_a \leqslant -80\%$ 为重旱;其他草原站及季节采用降水距平百分率根据气象行业标准《北方草原干旱指标》划分指标等级(表 3.6),共 5 级。

牧区干旱的潜在危险性分析考虑了 CLDAS 降水融合数据(分辨率 6 km),1961—2007 年降水距平百分率仍然利用气象观测站数据,2008—2016 采用降水融合数据来计算降水距平百分率,并依据以上干旱指标来划分干旱等级。

通过将春季、夏季、秋季、冬季致灾因子危险性图层确定权重系数(春季:0.35、夏季:0.35、秋季:0.15、冬季:0.15)的方法,图层叠加分析后得到干旱年潜在危险性分布图。

3.2.3.2 致灾因子危险性评估

致灾因子危险性通过历史危险性指数与潜在危险性指数的综合分析确定,其中,历史危险性指数与潜在危险性指数的权重系数通过主观与客观相结合的方法确定,权重的客观确定采用熵权系数法,主观采用专家打分法。

$$致灾因子危险性 = 历史危险性指数 \times a + 潜在危险性指数 \times b$$

通过对 1961 年以来各季及年历史危险性指数、潜在危险性指数,通过专家打分法,综合考虑,两者的权重系数确定均为 0.50。

通过将春季、夏季、秋季、冬季致灾因子危险性图层确定权重系数(春季:0.35、夏季:0.35、秋季:0.15、冬季:0.15)的方法,图层叠加分析后得到干旱年致灾因子危险性分布(图 3.18,图 3.19)。

3.2.4　致灾危险性评估

3.2.4.1　致灾危险性评估结果(表 3.6,表 3.7,图 3.18,图 3.19)

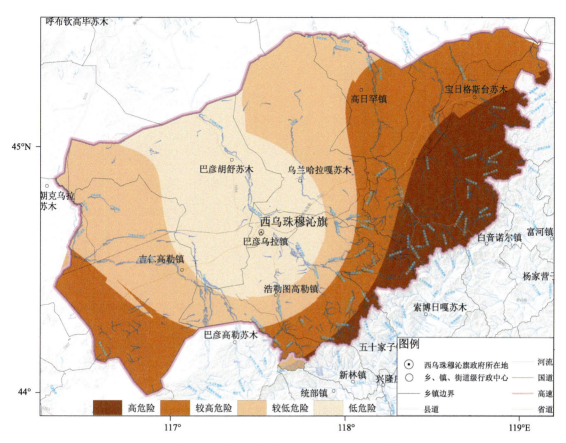

图 3.18　内蒙古西乌珠穆旗牧区干旱灾害致灾因子危险性分布

表 3.6　西乌珠穆沁旗牧区干旱致灾因子危险性等级数据

危险性等级	含义	危险性数据
1	低危险性	0.19～0.28
2	较低危险性	0.28～0.33
3	较高危险性	0.33～0.39
4	高危险性	0.39～0.49

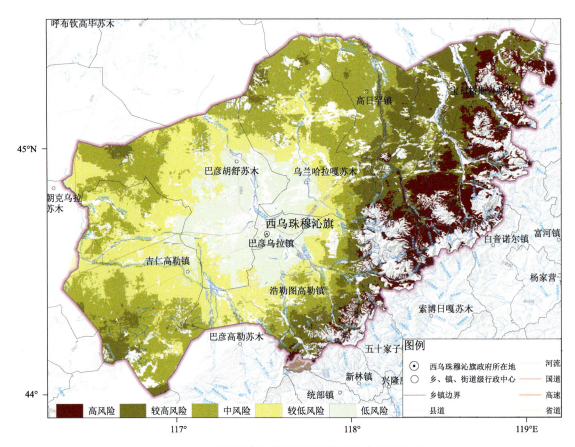

图 3.19 西乌珠穆沁旗牧区干旱灾害综合风险区划

表 3.7 西乌珠穆沁旗牧区干旱风险区划等级数据

风险等级	含义	危险性数据
1	低风险	0.13～0.21
2	较低风险	0.21～0.23
3	中风险	0.23～0.25
4	较高风险	0.25～0.28
5	高风险	0.28～0.37

3.2.4.2 致灾危险性评估结果分析(表 3.8)

表 3.8 西乌珠穆沁旗干旱综合风险区划统计

类型	面积(km²)	比例(%)
低风险区	2325.24	12.98
较低风险区	4753.99	26.54
中风险区	5473.96	30.56
较高风险区	3309.88	18.48
高风险区	2051.44	11.45
合计	17914.50	100.00

　　高风险区:共 2051.44 km²,占西乌珠穆沁旗总面积的 11.45%。主要分布在西乌珠穆沁旗的东部地区,包括巴彦花镇的东部和南部、浩勒图高勒镇东南部。以上地区海拔高,地形以中丘陵为主,河网密度低,致灾因子危险性高、承灾体暴露度高。综合评价,上述地区为西乌珠穆沁旗的干旱灾害高风险区。

　　较高风险区:共 3309.88 km²,占西乌珠穆沁旗总面积的 18.48%。主要分布在巴彦花镇的西部和北部、浩勒图高勒镇中南部东北部。以上地区海拔较高,地形以低丘陵为主,河网密度较低,致灾因子危险性较高、承灾体暴露度较高。综合评价,上述地区为西乌珠穆沁旗的干旱灾害较高风险区。

　　中风险区:共 5473.96 km²,占西乌珠穆沁旗总面积的 30.56%。主要分布在巴彦花镇局部、浩勒图高勒镇东北部和中部、巴音呼舒苏木东北部和西北部、吉仁高勒镇中南部和西北部、高日罕国营牧场西部和北部地区。以上地区海拔较高,河网密度较低,致灾因子危险性较高、承灾体暴露度较高。综合评价,上述地区为西乌珠穆沁旗的干旱灾害中风险区。

　　较低风险区:共 4753.99 km²,占西乌珠穆沁旗总面积的 26.54%。主要分布在浩勒图高勒镇西北部、巴音呼舒苏木中部偏北、吉仁高勒镇中北部、巴拉嘎尔镇的西部及东部部分地区。以上地区海拔较低,致灾因子危险性较低、承灾体暴露度较低且承灾体脆弱性也较低。综合评价,上述地区西乌珠穆沁旗的干旱灾害较低风险区。

　　低风险区:共 2325.24 km²,占西乌珠穆沁旗总面积的 12.98%。主要分布在巴音呼舒苏木南部、吉仁高勒镇东北部、巴拉嘎尔镇大部分地区。以上地区致灾因子危险性低、承灾体暴露度低且承灾体脆弱性也低。综合评价,上述地区为西乌珠穆沁旗的干旱灾害低风险区。

3.2.5　小结

　　西乌珠穆沁旗面积 17914.5 km²,灾害危险分布中部低、四周高。依据致灾危险性评估结果分析,高海拔复杂地形地区的致灾因子危险性高、承灾体暴露度高,干旱灾害风险较高。

第4章 大 风

4.1 数据

4.1.1 气象数据

西乌珠穆沁旗设有国家级气象站和区域气象站共 33 个,其中包含有 1 个国家级地面气象观测站,且为草原站。在进行西乌珠穆沁旗大风危险性评估时,综合考虑观测站建站时间和观测要素的齐全性,最终采用了 1 个国家级气象站和 12 个区域气象站的 1961—2020 年的风速逐日数据。站点分布如图 4.1 所示,站点的基本信息如表 4.1 所示。

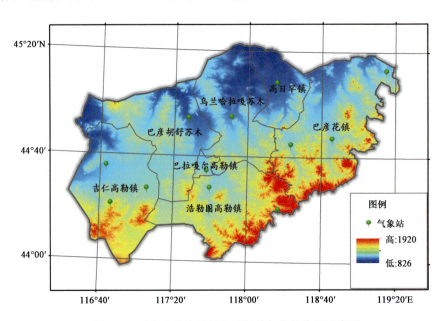

图 4.1 西乌珠穆沁旗行政区划及气象站位置示意图

表 4.1 西乌珠穆沁旗气象站的基本信息

站名	海拔高度(m)	地面观测、类型	使用要素	建站环境
西乌珠穆沁	1001.7	国家基本气象站	极大风速	草原
巴彦花	1037	区域自动气象站	极大风速	草原
达布希勒图	947	区域自动气象站	极大风速	草原
高日罕	906	区域自动气象站	极大风速	草原

站名	海拔高度(m)	地面观测、类型	使用要素	建站环境
杰仁	1120	区域自动气象站	极大风速	草原
巴彦胡硕	916	区域自动气象站	极大风速	草原
浩勒图高勒	1074	区域自动气象站	极大风速	草原
吉仁高勒	1036	区域自动气象站	极大风速	草原
罕乌拉	1035	区域自动气象站	极大风速	草原
迪彦林场	1272	区域自动气象站	极大风速	草原
巴彦高勒	974	区域自动气象站	极大风速	草原
蒙古罕城	1042	区域自动气象站	极大风速	草原
宝日胡舒	983	区域自动气象站	极大风速	草原

4.1.2 地理信息数据

(1)地形高程数据(DEM):数据来源于中国科学院计算机网络信息中心地理空间数据云平台(http://www.gscloud.cn)共享的 ASTER GDEM 30 m 分辨率数字高程数据。

(2)土地利用数据:来源于自然资源部共享的 2020 年 30 m 分辨率的地表覆盖数据。

(3)森林覆盖数据:中国科学院空天信息创新研究院发布的 2018 年全球 30 m 分辨率森林覆盖分布图(GFCM),该数据是基于 Landsat 系列卫星数据和国产高分辨率卫星数据构建的全球高精度森林和非森林样本库,利用机器学习和大数据分析技术实现全球森林覆盖高精度自动化提取。通过利用随机分层抽样的方式在全球范围选取精度验证样区(样区的选择兼顾不同地表覆盖类型和森林类型分区)进行精度验证,精度验证结果表明,2018 年全球 30 m 分辨率森林覆盖分布图的总体精度约为 90.94%。

4.1.3 承灾体数据

西乌珠穆沁旗人口、经济、水稻、玉米等承灾体数据来源于国务院普查办共享数据。

4.1.4 风向风速自记纸

由内蒙古自治区气象局信息中心档案馆提供的西乌珠穆沁旗国家及气象站 1951 年至自动气象站正式使用前一年的 EL 型电接风自记图像扫描件和纸质记录,用于大风致灾过程中致灾因子特征信息的确定。

4.2 技术路线及方法

大风灾害风险调查与评估主要包括致灾过程的确定、大风灾害危险性评估、对不同承灾体的风险评估与区划。大风风险评估采用基于灾害风险指数的大风灾害风险评估方法,从灾害成灾机理出发,考虑形成大风灾害的条件:①诱发大风灾害的致灾因子;②形成气象灾害的孕灾环境,孕灾环境对于致灾因子的危险性具有放大或缩小的作用;③致灾因子作用对象——承灾体。具体技术路线如图 4.2 所示。

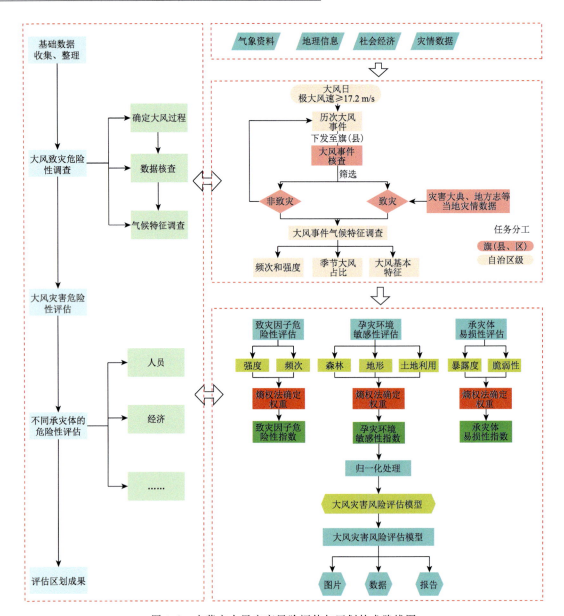

图 4.2 内蒙古大风灾害风险评估与区划技术路线图

4.2.1 致灾过程确定

4.2.1.1 历史大风过程的确定

根据调查旗（县、区）国家级气象站地面观测天气现象和极大风风速的记录,以当日该站出现大风天气现象为标准确定历史大风过程,无大风天气现象观测记录以日极大风风速≥17.2 m/s为标准确定历史大风过程。并根据小时数据确定历史大风过程中致灾因子的基本信息,包括开始日期、结束日期、持续时间、影响范围;历史大风灾害事件的致灾因子信息,包括大风分类（雷暴大风、非雷暴大风）、日最大风速和风向、日极大风速和风向等。

4.2.1.2　历史大风致灾过程的确定

根据《中国气象灾害年鉴》、《中国气象灾害大典·内蒙古卷》及内蒙古自治区、盟(市)、旗(县)三级的气象灾害年鉴、防灾减灾年鉴、灾害年鉴、地方志等、文献及灾情调查部门的共享数据,确定历次大风事件是否至灾,并根据灾情数据、观测数据、风速自记纸等记录确定本次大风致灾过程中致灾因子的基本信息,包括开始日期、结束日期、持续时间、影响范围;历史大风灾害事件的致灾因子信息,包括大风分类(雷暴大风、非雷暴大风)、日最大风速和风向、日极大风速和风向。

4.2.2　致灾因子危险性评估

4.2.2.1　确定大风灾害危险性指标

选择发生大风的年平均次数(频次,单位:d/a)和极大风速(强度,单位:m/s)作为大风灾害致灾因子的危险性评估指标(H)。大风日数越多,大风发生越频繁,极大风速越大,可能发生强度越大,则大风灾害的危险性就越高。大风日数表示大风频次(P),各个站点一年内大风日数作为频次信息,频次统计单位为 d/a;极大风速最大值表示大风强度(G),各个站点每年大风日的极大风速最大值作为强度信息,统计单位为 m/s。

4.2.2.2　确定大风和频次的权重

采用熵权法确定大风频次和强度的权重,熵权法相对层次分析法、专家打分法来说更具客观性,因此在大风灾害危险性评估中采用熵值赋权法来确定评价因子的权重。

4.2.2.3　计算大风危险性指数

两个指标进行归一化处理后通过加权相加后得到 H。计算公式为:

$$H = w_G \times G + w_P \times P$$

式中,w_G 是大风强度的权重,w_P 是大风频次的权重,G 是对于大风强度因子指标的归一化值,P 是对于大风频次因子指标的归一化值。

4.2.2.4　大风危险性评估

基于大风危险性评估指标,计算大风灾害平均危险性水平值($\overline{H}$)。计算网格化或者行政区划(区/县或乡(镇)/街道)的评估单元的基础上进行,即针对每个评估单元下垫面的危险性评估指标进行计算,得到内蒙古自治区大风灾害平均危险性水平值($\overline{H}$)。

$$\overline{H} = \frac{1}{n} \sum_{i=1}^{n} H_i$$

式中,H_i 为每个评估单元下垫面的大风灾害危险性评估指标。

根据 $\overline{H}$ 的大小参考表 4.2 或者根据实际情况采用其他分级方法,如自然断点法等,确定内蒙古自治大风灾害危险性评估等级,将自治区(盟(市)、旗(县))大风灾害危险性分为 4 级,得到自治区(盟(市)、旗(县))大风灾害相对危险性等级结果,绘制自治区(盟(市)、旗(县))相对危险性等级空间分布图。

表 4.2　大风灾害危险性评估等级划分标准

危险性级别	级别含义	划分原则
1	高危险性	$[5\overline{H}, +\infty)$
2	较高危险性	$[2\overline{H}, 5\overline{H})$

危险性级别	级别含义	划分原则
3	中等危险性	$[\overline{H}, 2\overline{H})$
4	低危险性	$[0, \overline{H})$

4.2.3 风险评估与区划

4.2.3.1 技术流程与方法

气象灾害风险是气象致灾因子在一定的孕灾环境中，作用在特定的承灾体上所形成的。因此，致灾因子、孕灾环境和承灾体这三个因子是灾害风险形成的必要条件，缺一不可。根据灾情调查情况，结合实际情况，选择基于风险指数的大风风险评估方法开展大风灾害风险评估工作。根据风险＝致灾因子危险性×孕灾环境敏感性×承灾体易损性，确定不同承灾体的风险评估指数。不同承灾体的致灾因子危险性、孕灾环境敏感性和承灾体易损性三个评价因子选择相应的评价因子指数得到，技术流程如图 4.3 所示。评价因子指数的计算采用加权综合评价法，计算公式为：

$$V_j = \sum_{i=1}^{n} w_i D_{ij}$$

式中，V_j 是各评价因子指数，w_i 是指标 i 的权重，D_{ij} 是对于因子 j 的指标 i 的归一化值，n 是评价指标个数。

4.2.3.2 大风灾害孕灾环境敏感性评估指标

大风孕灾环境主要指地形、植被覆盖等因子对大风灾害形成的综合影响。综合考虑各影响因子对调查区域孕灾环境的不同贡献程度，运用层次分析法设置相应的权重。地形主要以高程指示值代表，按高程越高越敏感进行赋值。

将高程指标和植被覆盖度的指标进行归一化处理后通过加权求和计算得到孕灾环境敏感性评估指标（S）。计算公式为：

$$S = w_{高程} \times 高程指标(归一化) + w_{植被覆盖度} \times 植被覆盖指数(归一化)$$

4.2.3.3 大风对人员安全影响的风险评估

大风对人员安全的影响风险评估以人口作为主要的承灾体，以人口密度因子描述承灾体的易损状况，评估方程为：

$$R_p = H \times S \times (E_p \times F(p))$$

式中，R_P 为大风灾害对人员安全影响的风险度，H 为大风危险性，S 为孕灾环境敏感性，E_P 为人口暴露性，即人口密度（p），F 为以人口密度 p 为输入参数的大风规避函数。在城市地区，人口密度越大的地区建筑物越多，大风可规避性越强，其函数的输出系数则越小，导致的风险则越低，$F(p)$ 计算公式为：

$$F(p) = \frac{1}{\ln(e + p/100)}$$

在非城市地区，人口越多的地方损失相对越大，不使用大风规避函数，即

$$R_p = H \times S \times E_p$$

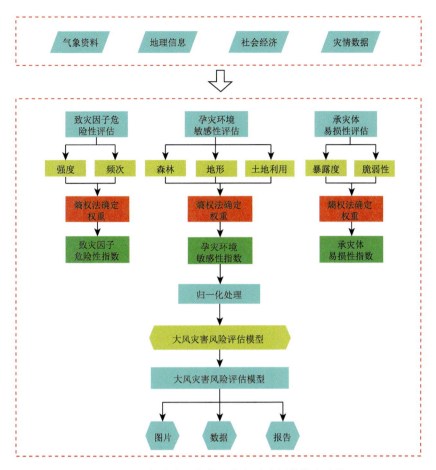

图 4.3　西乌珠穆沁旗大风灾害风险评估技术路线

4.2.3.4　大风对经济影响的风险评估

大风对经济的影响风险评估方程为：

$$R_i = H \times S \times V_i$$

式中，R_i 为大风灾害对经济影响的风险度，V_i 为经济的易损度。承灾体的易损度包括经济的暴露度（E）和脆弱性（F）。根据灾情信息收集情况，经济的易损度可使用经济的暴露度表示。

大风灾害对经济影响的风险评估以经济作为承灾体，选取地均 GDP 代表经济的暴露度指标，选取大风直接经济损失占 GDP 的比重代表经济脆弱性指标，并分别对暴露度指标、脆弱性指标标准化处理。

4.2.4　技术方法

4.2.4.1　因子标准化

由于所选因子的量纲不同，所以要将因子进行标准化。根据具体情况，采用极大值标准化和极小标准化方法。

极大值标准化：

$$X'_{ij} = \frac{|X_{ij} - X_{\min}|}{X_{\max} - X_{\min}} \qquad (4.1)$$

极小值标准化：

$$X'_{ij} = \frac{|X_{\max} - X_{ij}|}{X_{\max} - X_{\min}} \qquad (4.2)$$

式中，X_{ij} 为第 i 个因子的第 j 项指标；X'_{ij} 为去量纲后的第 i 个因子的第 j 项指标；$X_{\min}$、$X_{\max}$ 为该指标的最小值和最大值。式(4.1)和(4.2)根据区划中不同灾种的具体情况而选择。

4.2.4.2 加权综合评价法

加权综合评价法综合考虑了各个因子对总体对象的影响程度，是把各个具体的指标的优劣综合起来用一个数值化指标加以集中，表示整个评价对象的优劣，因此，这种方法特别适用于对技术、策略或方案进行综合分析评价和优选，是目前最为常用的计算方法之一。表达式为：

$$C_{vj} = \sum_{i=1}^{m} Q_{vij} W_{ci} \qquad (4.3)$$

式中，C_{vj} 评价因子的总值；Q_{vij} 是对于因子 j 的指标 i（$Q_{ij} \geqslant 0$）的值；W_{ci} 是指标 i 的权重（$0 \leqslant W_{ci} \leqslant 1$），通过熵值赋权法或层次分析法（AHP）计算得出；m 是评价指标个数。

对于综合风险指数（Y），表达式为：

$$Y = \sum_{i=1}^{4} \lambda_i X_i \qquad i = 1 \sim 4 \qquad (4.4)$$

式中，X_i 为归一化后的危险性、暴露度、脆弱性指数，λ_i 为权重。

4.2.4.3 层次分析法

层次分析法（AHP）是对一些较为复杂、较为模糊的问题做出决策的简易方法，它特别适用于那些难以完全定量分析的问题。该决策法通过将复杂问题分解为若干层次和若干因素，在各因素之间进行简单的比较和计算，就可以得出不同方案重要性程度的权重，为最佳方案的选择提供依据。其特点是：①思路简单明了，它将决策者的思维过程条理化、数量化，便于计算；②所需要的定量化数据较少，但对问题的本质、问题所涉及的因素及其内在关系分析得比较透彻、清楚。

4.2.4.4 熵值赋权法

大风灾害的风险评估中采用了熵值赋权法来确定评价因子的权重。

在危险性、暴露度和脆弱性评价中涉及多个评价因子的权重系数可通过信息熵赋权法确定。信息熵表示系统的有序程度，在多指标综合评价中，熵权法可以客观地反映各评价指标的权重。一个系统的有序程度越高，则熵值越大，权重越小；反之，一个系统的无序程度越高，则熵值越小，权重越大。即对于一个评价指标，指标值之间的差距越大，则该指标在综合评价中所起的作用越大；如果某项指标的指标值全部相等，则该指标在综合评价中不起作用。假设评价体系是由 m 个指标 n 个对象构成的系统，首先计算第 i 项指标下第 j 个对象的指标值 r_{ij} 所占指标比重 P_{ij}：

$$P_{ij} = \frac{r_{ij}}{\sum_{j=1}^{n} r_{ij}} \qquad i = 1, 2, \cdots, m; j = 1, 2, \cdots, n$$

由熵权法计算第 i 个指标的熵值 S_i：

$$S_i = -\frac{1}{\ln n} \sum_{j=1}^n P_{ij} \ln P_{ij} \qquad i = 1, 2, \cdots, m; j = 1, 2, \cdots, n$$

计算第 i 个指标的熵权，确定该指标的客观权重 w_i：

$$w_i = \frac{1 - S_i}{\sum_{i=1}^m (1 - S_i)} \qquad i = 1, 2, \cdots, m$$

4.2.4.5　空间插值方法

采用反距离权重及克里金方法进行空间插值。

1. 反距离权重插值法

以插值点与样本点间的距离为权重进行加权平均，离插值点越近的样本点赋予权重越大。设平面上分布一系列离散点，已知其坐标为 $Z_i (i = 1, 2, \cdots, n)$，其与待插值点 O 之间的距离为 $d_i (i = 1, 2, \cdots, n)$，则待插值点 O 的数值：

$$Z_o = \left[\sum_{i=1}^n \frac{Z_i}{d_i^k} \right] \Big/ \left[\sum_{i=1}^n \frac{1}{d_i^k} \right] \tag{4.5}$$

式中，Z_o 为插值点 O 的估计值；Z_i 为控制点 i 的值；d_i 为控制点 i 与点 O 的距离；n 为在估计中用到的控制点的数目；k 为指定的幂。

2. 克里金插值方法

克里金（Kriging）插值法就是根据一个区域内外若干信息样品的某些特征数据值，对该区域做出一种线性无偏和最小估计方差的估计方法。从数学角度来说，是一种求最优线性无偏内插估计量的方法。克里金方法的适用范围为区域化变量存在空间相关，即如果变异函数和结构分析的结果表明区域化变量存在空间相关，则可以利用克里金方法进行内插或外推。其实质是利用区域化变量的原始数据和变异函数的结构特点，对未知样点进行线性无偏、最优估计。克里金方法是通过对已知样本点赋权重来求得未知样点的值，表示为：

$$Z(x_0) = \sum_{i=0}^n \omega_i Z(x_i) \tag{4.6}$$

式中，$Z(x_0)$ 为未知样点的值，$Z(x_i)$ 为未知样点周围的已知样本点的值，ω_i 为第 i 个已知样本点对未知样点的权重，n 为已知样本点的个数。与传统插值法最大的不同是，在赋权重时，克里金方法不仅考虑距离，而且通过变异函数和结构分析考虑了已知样本点的空间分布及与未知样点的空间方位关系。

气象因子均采用反距离权重或普通克里金插值方法，对于承灾体暴露度、脆弱性的社会经济指标均采用在各乡（镇）内平均分配栅格的原则，所采用的栅格分辨率为 30 m×30 m。

3. 以地形作为协变量的 TPS 法和局部 TPS 法

基于 TPS 法和局部 TPS 法，其理论模型为

$$z_i = f(x_i) + b^T y_i + e_i \qquad i = 1, 2, 3, \cdots, N$$

式中，z_i 是空间位置 i 点对应的函数值，即 i 点的插值结果；x_i 为 i 点的 d 维样条独立变量，受 i 点周边的已知元素值控制；f 是要估算的关于 x_i 的未知光滑函数；y_i 为 x_i 维独立协变量，在本节中就是作为协变量的高程；b^T 为 y_i 的维系数 p 向量；e_i 为自变量随机误差；N 为插值样本点的数目。

4.3 致灾因子特征分析

4.3.1 极大风速的年际变化特征

图 4.4 为 1961—2020 年西乌珠穆沁站日极大风速年均值的变化。西乌珠穆沁站的日极大风速平均值为 18.02～20.44 m/s。可以看到，极大风速的极大值在 1961—2020 年出现明显的年代际变化特征，1961—1980 年，西乌珠穆沁站日极大风风速平均值呈明显的上升趋势。1980—2020 年，年均值呈现出波动的形势。

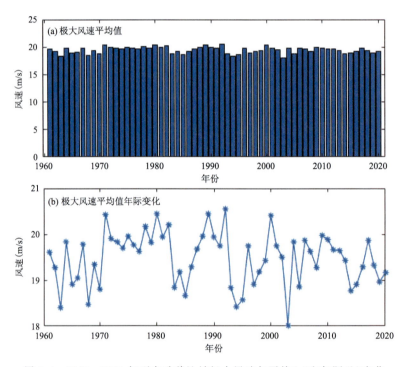

图 4.4 1960—2020 年西乌珠穆沁站极大风速年平均(a)和年际(b)变化

图 4.5 是 1961—2020 年西乌珠穆沁旗气象观测站极大风速极大值的年际统计结果，极大风速的最大值在 19.3～30.8 m/s。西乌珠穆沁站在 1967 年出现 45.7 m/s 的极大值，是拟合出来的极大风速，这说明，在最大风速拟合极大风速时可能出现了奇异点。前 30 年西乌珠穆沁站日极大风速极大值呈现出逐年上升的趋势，后 30 年西乌珠穆沁站的日极大风速极大值有逐年下降趋势。

4.3.2 大风日数的年际变化特征

图 4.6 是 1961—2020 年西乌珠穆沁旗气象观测站大风日数的年际统计结果。该站大风日数具有明显的年代际变化特征，西乌珠穆沁站在 1961—2020 年有 48 年大风日数超过 20 d。图 4.7 为西乌珠穆沁旗国家级气象站不同季节大风占比的统计结果，对于西乌珠穆沁旗来说，

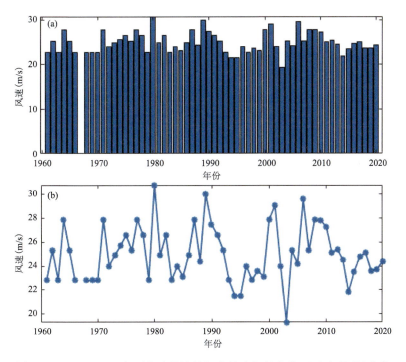

图 4.5 1960—2020 年西乌珠穆沁站极大风速年极大值(a)和年际(b)变化

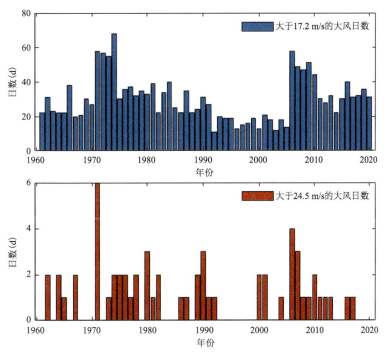

图 4.6 1960—2020 年西乌珠穆沁站大风日数的变化

春季大风频发最严重,秋季次之,冬季最少,夏季次少。春季是一年中冷空气活动最多的季节,蒙古气旋也频频活动,造成大风灾害出现的机会也较多。

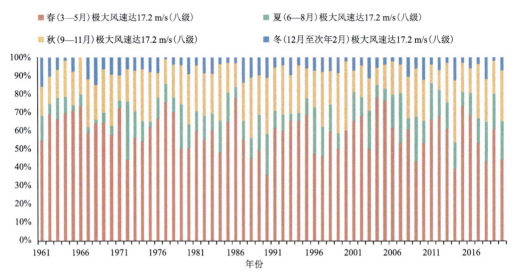

图4.7　1961—2020年不同季节大风占比

4.3.3　重现期

在极大风速均值重现期的计算中,西乌珠穆沁旗的极大风风速均值分布均与广义极值分布较吻合。在大风日数重现期的计算中,西乌珠穆沁旗数据分布与广义帕累托较吻合,选定的概率分布函数计算得出的各站极大风速均值和大风日数重现期就间接反映了西乌珠穆沁遭受不同等级大风灾害的潜在可能。从极大风速均值重现期(图4.8)在5年一遇的指标上,西乌珠穆沁旗极大风速均值在27.6 m/s左右;在10年一遇的指标上,极大风速均值未达到29.5 m/s;在20年一遇的指标上,各站极大风速均值超过31.3 m/s;在50年一遇的指标上,极大风速均值达到33.8 m/s左右。

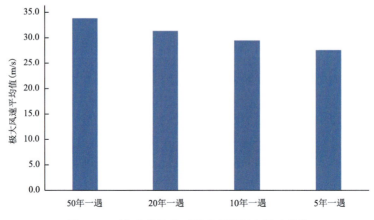

图4.8　西乌珠穆沁站不同重现期极大风速均值

在大风日数重现期(图 4.9)中,5 年一遇的指标上,西乌珠穆沁站大风日数在 40 d 左右;在 10 年一遇的指标上,大风日数未达到 48 d;在 20 年一遇的指标上,各站大风日数超过 57 d;在 50 年一遇的指标上大风日数达到 69 d 左右。

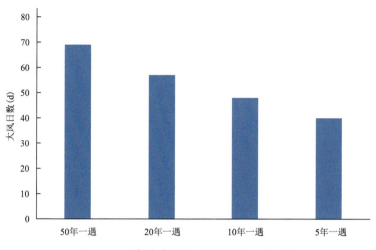

图 4.9　西乌珠穆沁旗不同重现期大风日数

4.4　典型过程分析

在对西乌珠穆沁旗的大风灾情调查时,主要关注以下几个指标,包括灾情影响地区、直接经济损失、农业受损面积(受灾面积和成灾面积)、受灾人口(影响人口)、建筑物及设施倒损(房屋的倒塌和损坏、临时/简易建筑物倒损、电杆等其他倒损)和详细灾情描述等。

由于部分灾害类型的记录缺失,灾情信息时序不统一以及在灾情采集过程中存在人为误差,况且灾情本身就存在模糊性及不确定性,从而无法将所有的灾情记录都纳入分析过程。

通过灾情调查,西乌珠穆沁旗 1961—2020 年大风灾害共有 2 条灾情记录,分别发生在 1980 年 4 月 20 日和 1981 年 5 月 10 日,均为寒潮大风,且伴随暴风雪、寒潮等灾害天气。

4.4.1　1980 年 4 月 20 日大风灾害

此次大风共造成 4 座蒙古包倒塌。通过《中国气象灾害大典·内蒙古卷》查询灾害记录,1980 年是全自治区性的风灾年。入春后,全自治区 6 级以上大风刮了 40 多次,4 月中旬,锡林郭勒盟、呼伦贝尔市、赤峰市、乌兰察布市、鄂尔多斯市、巴彦淖尔市等均遭暴风雪的袭击,风力在 10 级以上,局部达 11 级,同时气温下降 8～10 ℃,农牧业损失严重,共刮坏房屋 2256 间、仓库棚圈 1472 间,全区农作物受风沙影响有 20 多万公顷需改种,大风沙使牧业和草场受到很大破坏。4 月中旬的一次大风中,锡林郭勒盟有 290 群牲畜跑散丢失。4 月 17—20 日,锡林郭勒盟局部地区风力 9～10 级,并伴有 10 ℃以上强烈降温,北部牧区出现暴风雪,仅苏尼特左旗、阿巴嘎旗、东乌珠穆沁旗、西乌珠穆沁旗死亡牲畜近 6 万头(只),西乌珠穆沁旗遭寒潮风雪袭击,死亡牲畜近 3 万头(只)。

4.4.2　1981 年 5 月 10 日大风灾害

5 月 10—11 日,全自治区出现大风天气,风力 9～10 级,个别地区风力达 11 级,赤峰市、锡林郭勒盟北部出现强沙尘暴并有降雪,最大风速 29 m/s,能见度低于 1000 m,锡林郭勒盟东乌珠穆沁旗大风降雪持续 34 h,西乌珠穆沁旗大风持续 29 h。据不完全统计,锡林郭勒盟冻死、摔死、沙埋牲畜达 8 万多头(只),大风还使电杆被刮断,电讯中断,房屋、棚圈多数受损。

4.5　致灾危险性评估

4.5.1　大风致灾因子危险性评估指标

选择发生大风的年平均次数(频次,d/a)和极大风速大小(强度,m/s)作为大风危险性指数计算的两个指标。从大风频次(图 4.10)和大风强度(图 4.11)空间分布来看,大风频次和强度的空间分布完全一致。大风频次高值区在西乌珠穆沁旗。从西乌珠穆沁旗北部到南部地区、从平原地区到山区地区,频次逐渐增大。大风强度随着地形的升高逐渐增强,因此在西乌珠穆沁旗南部大风强度逐渐增大。

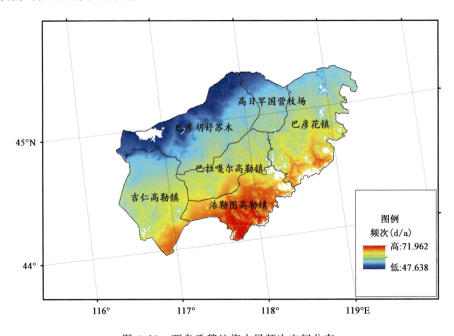

图 4.10　西乌珠穆沁旗大风频次空间分布

利用熵值法确定西乌珠穆沁旗国家气象站强度和频次的权重,分别为 0.624 和 0.376。对强度和频次,加权求和计算得到西乌珠穆沁旗大风危险性指数,利用归一化方法得到西乌珠穆沁旗大风归一化后的大风危险性指数,大风危险性指数分布如 4.12 所示。从图 4.12 上看,和大风强度、频次空间分布特点一致,大风危险指数高值区位于西乌珠穆沁旗的南部,呈现出"南高北低"的分布特点。

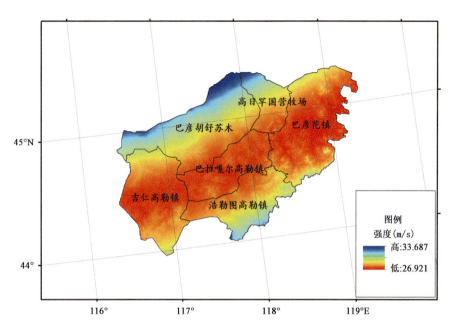

图 4.11 西乌珠穆沁旗大风强度分布

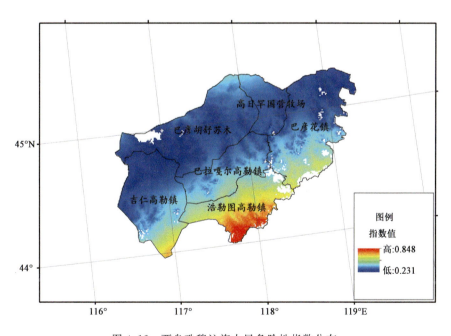

图 4.12 西乌珠穆沁旗大风危险性指数分布

4.5.2 大风致灾因子危险性等级评估

基于地理信息系统中自然断点分级法,将大风灾害危险性指数划分为 4 个等级,如表 4.3 所示。按照行政空间单元对大风灾害危险性评估结果进行空间划分(图 4.13)。内蒙古自治区锡林郭勒盟西乌珠穆沁旗大风灾害致灾危险性等级较高的地方主要分布在西乌珠穆沁旗南部地区,大风灾害危险性等级呈现出自西北向东南逐渐升高的分布特征,与其本身由东南向西北倾斜的地形分布较为一致。从图 4.13 来看,高危险性在浩勒图高勒镇南部,其次是吉仁高勒镇南部和巴彦花镇南部风险也较高。

表 4.3　西乌珠穆沁旗大风灾害致灾危险性等级

等级	含义	危险性指标值
4	低危险性	0.231~0.342
3	中等危险性	0.342~0.439
2	较高危险性	0.439~0.572
1	高危险性	0.572~0.848

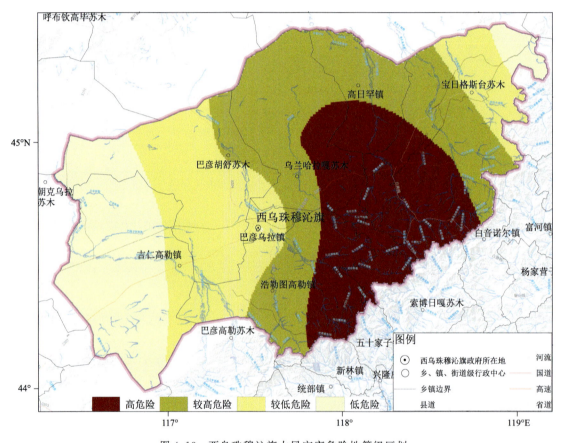

图 4.13　西乌珠穆沁旗大风灾害危险性等级区划

4.6　孕灾环境敏感性评估

4.6.1　孕灾环境评价指标分析

　　大风灾害与当地的地表覆盖类型、土壤土质以及森林覆盖程度紧密相关。大风的产生和发展受森林的影响巨大,成片的林木是极好的防风屏障。森林覆盖密度越高,致灾作用越弱,反之,致灾作用越明显。西乌珠穆沁旗大风孕灾环境主要包括地形和植被覆盖对大风灾害形成的综合影响。大风在地形较高,植被覆盖度较低的地方发生的危险性较高。利用自然断点法将西乌珠穆沁旗的海拔高度按照 5 个梯度划分为 5 个等级(表 4.4),按高程越高越敏感进行赋值。从图 4.14 也可以看出,西乌珠穆沁旗地形北部低、南部高,即南部山区、北部平原的趋势走向。

表 4.4　高程指标值分级

分级	海拔范围(m)	高程指标值
1	<975	0.5
2	975~1073	0.6
3	1073~1185	0.7
4	1185~1353	0.8
5	≥1353	0.9

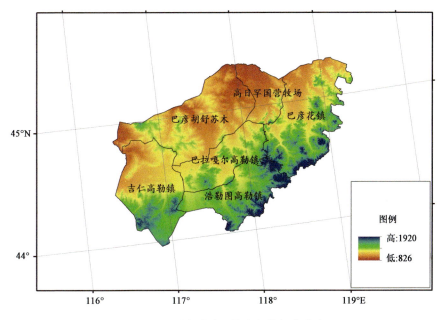

图 4.14　西乌珠穆沁旗高程指标值分布

根据西乌珠穆沁旗 2020 年森林覆盖度的空间分布(图 4.15)。从图 4.15 来看,南部高海拔地区森林覆盖度很高,而平原地区森林覆盖度较低。

4.6.2　孕灾环境敏感性评估

综合考虑,西乌珠穆沁旗地形相比森林覆盖度对该区大风孕灾环境的贡献程度稍高一些,运用熵权法确定二者的权重,加权求和计算得到孕灾环境敏感性评估指标(S):

$$S = w_{高程} \times 高程指标(归一化) + w_{植被覆盖度} \times 植被覆盖倒数(归一化)$$

孕灾环境敏感性指数分布如图 4.16,可以看到,西乌珠穆沁旗的孕灾环境敏感性大致和地形分布一致,南部为孕灾环境敏感性指数高值区,但因为受到森林覆盖度的影响,浩勒图高

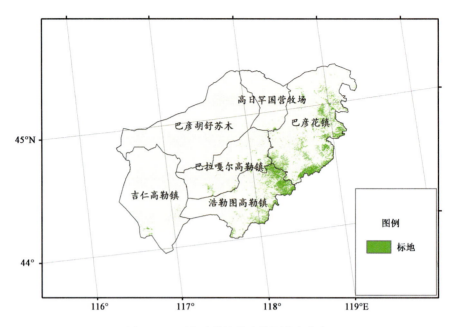

图 4.15　西乌珠穆沁旗森林覆盖度分布

勒镇东部、巴彦花镇南部部分地区虽然也是山地,但孕灾敏感性很低。而吉仁高勒镇和巴彦胡舒苏木受地形高度影响,反而有部分区域孕灾敏感性很高。

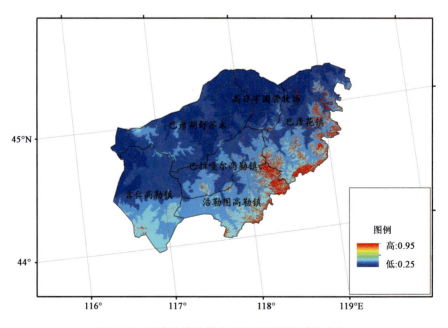

图 4.16　西乌珠穆沁旗大风孕灾环境敏感性分布

4.7 灾害风险评估与区划

4.7.1 人口风险评估与区划

大风灾害对人员安全影响的风险分为 5(低风险)、4(较低风险)、3(中风险)、2(较高风险)、1(高风险)五个等级(表 4.5),大风灾害对人员安全影响的风险区划分布如图 4.17 所示。西乌珠穆沁旗大风灾害对人员的影响大部分以低风险等级为主,风险等级较高和高的地方呈分散性分布,并且与人口密度的分布较为一致,位于人口相对集中的非城镇地区,人口暴露度较高的区域大风灾害对人员的影响风险相对较高。

表 4.5　西乌珠穆沁旗大风灾害人口风险等级

风险等级	含义	指标
5	低风险	0~0.003
4	较低风险	0.003~0.010
3	中风险	0.010~0.018
2	较高风险	0.018~0.034
1	高风险	0.034~0.082

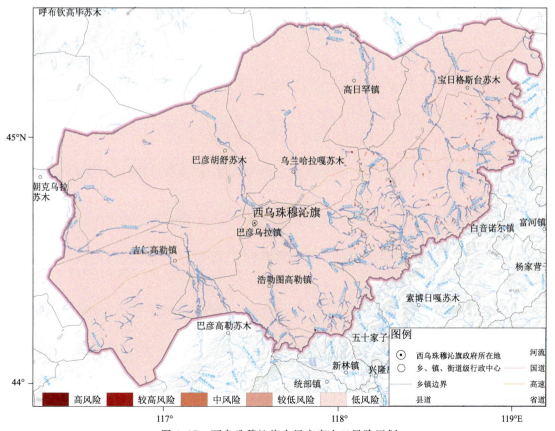

图 4.17　西乌珠穆沁旗大风灾害人口风险区划

4.7.2 GDP 风险评估与区划

综合分析承灾体易损性、致灾因子危险性、孕灾环境计算得到西乌珠穆沁旗大风灾害对经济影响的风险评估指数，采用自然断点法对 GDP 等级进行划分，大风灾害对 GDP 影响的风险分为 5（低风险）、4（较低风险）、3（中风险）、2（较高风险）、1（高风险）五个等级（表 4.6），大风灾害对 GDP 影响的风险分布如图 4.18 所示。西乌珠穆沁旗大风灾害对经济的影响大部分地区以低风险等级为主，风险等级较高和高的地方呈分散性分布，并且与 GDP 的分布较为一致，经济较为发达的地区，受大风灾害的影响风险等级也相对较高。

表 4.6　西乌珠穆沁旗大风灾害 GDP 风险等级

等级	分区	GDP 风险等级值
5	低风险	0～0.023
4	较低风险	0.023～0.051
3	中等风险	0.051～0.116
2	较高风险	0.116～0.293
1	高风险	0.293～0.463

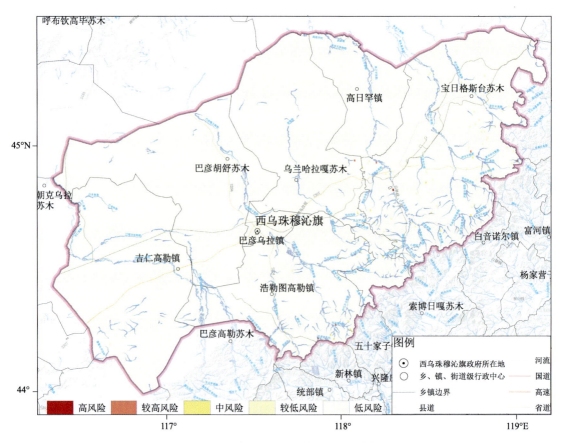

图 4.18　西乌珠穆沁旗大风灾害 GDP 风险等级区划

4.8 小结

西乌珠穆沁旗的日极大风速平均值为 18.02~20.44 m/s,极大风速的最大值为 19.3~30.8 m/s。极大风速的极大值和平均值都在 1961—2020 年具有明显的年代际变化。1961—1980 年,西乌珠穆沁旗站日极大风风速平均值呈明显的上升趋势;1980—2020 年,年均值呈现出波动减弱的态势。对于西乌珠穆沁旗来说,春季大风频发最严重,秋季次之,冬季最少,夏季次少。春季是一年中冷空气活动最多的季节,蒙古气旋也频频活动,造成大风灾害出现的机会也较多。西乌珠穆沁旗大风灾害的危险性自北向南危险性等级逐渐升高。对人口安全的影响也主要集中在吉仁高勒镇西部、浩勒图高勒镇南部和巴拉嘎尔高勒镇等人口稠密的地区,对经济的影响也主要集中在吉仁高勒镇西部、浩勒图高勒镇南部等经济较发达的地区。

第5章　冰　雹

5.1　数据

5.1.1　气象数据

冰雹观测数据:使用西乌珠穆沁旗范围内1个国家级地面气象观测站1978—2020年的地面观测数据中冰雹相关记录,并调查西乌珠穆沁旗区域内气象信息员上报的降雹记录,结合旗(县)级搜集整理的当地人工影响天气(简称人影)作业点、气象灾害年鉴、气象志、地方志以及相关文献中的冰雹记录。

冰雹观测数据集包括:经度、纬度、海拔高度、降雹日期、降雹频次、降雹开始时间、降雹结束时间、降雹持续时间、冰雹最大直径、降雹时极大风速、降雹时最大风速、当日最大风速、当日极大风速等数据。

5.1.2　地理信息数据

使用国务院普查办下发的风险普查行政区划边界(省、市、县)数据和风险普查全国30″×30″格网数据。

5.1.3　社会经济数据

使用国务院普查办下发的内蒙古锡林郭勒盟西乌珠穆沁旗的人口、GDP格网数据。

5.1.4　农作物数据

西乌珠穆沁旗为牧区,没有种植小麦、玉米、水稻三大农作物。

5.1.5　历史灾情数据

历史灾情数据为西乌珠穆沁旗气象局通过冰雹灾害风险普查收集到的资料,主要来源于灾情直报系统、灾害大典、旗(县)统计局、旗(县)地方志以及地方民政部门的资料等。

5.2　技术路线及方法

内蒙古冰雹灾害风险评估与区划是基于冰雹致灾因子危险性、承灾体暴露度和脆弱性指标综合建立风险评估模型。内蒙古冰雹灾害风险评估与区划主要技术路线如图5.1所示。

5.2.1　致灾过程确定

冰雹灾害过程的确定以国家级气象观测站观测数据为基础,并计算降雹持续时间,形成基

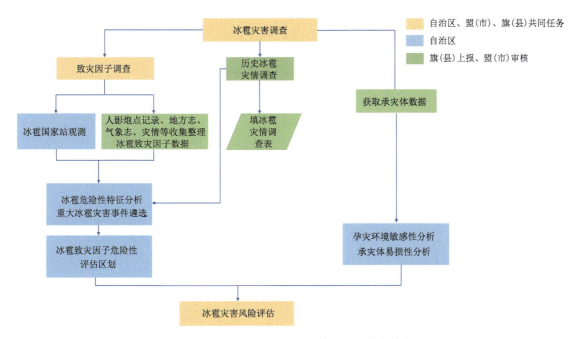

图 5.1　内蒙古冰雹灾害风险评估与区划技术路线图

于国家级气象观测站的冰雹灾害过程数据,在此数据基础上利用本辖区地面观测、人影作业点、气象灾害年鉴、气象志、地方志以及相关文献中的冰雹记录,对基于国家级气象观测站的冰雹灾害过程数据进行核实、补充;最后对冰雹灾害致灾因子数据进行审核。

5.2.2　致灾因子危险性评估

5.2.2.1　冰雹危险性指数

参考《全国气象灾害综合风险普查技术规范——冰雹》及相关方案,主要考虑冰雹致灾因子调查中获取到的能够反映冰雹强度的参数进行计算和评估。选用最大冰雹直径、降雹持续时间、雹日(或降雹频次)进行加权求和,得到致灾因子危险性指数(VE),即:

$$\mathrm{VE} = W_D X_D + W_T X_T + W_R X_R$$

式中,X_D 为最大冰雹直径样本平均值,X_T 为降雹持续时间样本平均值,X_R 为雹日(或降雹频次)样本累计值,W_D、W_T、W_R 分别为三个因子的权重,推荐权重系数分别为 0.3∶0.2∶0.5,各权重系数之和为 1。最大冰雹直径样本平均值、降雹持续时间样本平均值、雹日(或降雹频次)样本累计值应先做归一化处理,前两者在时间序列样本中归一化,后者在空间样本中归一化。

将有量纲的致灾因子数值经过归一化处理,化为无量纲的数值,进而消除各指标的量纲差异。

归一化方法采用线性函数归一化方法,其计算公式为:

$$\mathrm{x}' = \frac{x - x_{\min}}{x_{\max} - x_{\min}}$$

式中,x' 为归一化后的数据,x 为样本数据,$x_{\min}$ 为样本数据中的最小值,$x_{\max}$ 为样本数据中的最大值。

当用雹日计算危险性指数时,对于一个雹日有多次降雹的情况,致灾因子取一个雹日当中的最大值;当用降雹频次计算危险性指数时,各致灾因子取过程最大值。

5.2.2.2 冰雹危险性评估

基于计算的评估区域内冰雹危险性指数,结合周边旗(县)的危险性指数值,计算评估区域及周边区域的危险性指数平均值,根据表5.1的划分原则将冰雹灾害危险性划分为4个等级,绘制评估区域的冰雹灾害危险性等级空间分布图。

表5.1 冰雹灾害危险性评估等级划分标准

危险性级别	含义	划分原则
1	高危险性	$[2.5\,\overline{VE},+\infty)$
2	较高危险性	$[1.5\,\overline{VE},2.5\,\overline{VE})$
3	较低危险性	$[\overline{VE},1.5\,\overline{VE})$
4	低危险性	$[0,\overline{VE})$

5.2.3 孕灾环境敏感性

统计计算内蒙古自治区范围内119个国家级气象站通过普查得到的雹日与该站海拔高度的相关系数,并计算雹日与地形坡度的相关系数,经对比分析得出,内蒙古范围内雹日与坡度相关更好。因此,将坡度划分为不同的等级,对每个等级进行0~1的赋值用作孕灾环境敏感性指数(VH)。

5.2.4 风险评估与区划

将气象资料、社会经济资料和地理信息资料处理成相同空间分辨率和空间投影坐标系统。综合考虑评估区域冰雹致灾因子危险性、孕灾环境敏感性、承灾体易损性,开展冰雹灾害风险评估。根据评估结果,按照行政空间单元对风险评估结果进行空间划分。

结合致灾因子危险性指数(VE)、孕灾环境敏感性指数(VH)、承灾体易损性指数(VS)采用加权求积,得到评估区域内的冰雹灾害风险评估指数(V)= $VE^{WE} \cdot VH^{WH} \cdot VS^{WS}$,WE、WH、WS分别为各指数的权重,计算前各因子需进行归一化处理,利用熵权法、专家打分法等确定权重。也可以采用推荐的权重系数0.3∶0.2∶0.5,各地可结合当地实际情况进行调整。此处VE、VH、VS均为0~1的值,权重系数越大指数的影响反而越小。

5.2.5 对不同承灾体的风险评估

以经济为承灾体进行风险评估时,以地均GDP表征暴露度,冰雹灾害直接经济损失占GDP的比重表征脆弱性。

以人口为承灾体进行风险评估时,以人口密度表征暴露度,冰雹灾害造成人员伤亡数占人口的比重表征脆弱性。

以农业为承灾体进行风险评估时,以小麦、玉米、水稻等农作物播种面积表征暴露度,以农业受灾面积占播种面积的比重表征脆弱性。

当无法获取冰雹造成的直接经济损失、人员伤亡、农作物受灾面积等数据时,则直接用承灾体暴露度表征其易损性。

5.2.5.1　风险区划技术方法

计算评估区域内冰雹风险指数的平均值($\overline{V}$)，根据表5.2的划分原则将冰雹灾害风险划分为5个等级，绘制评估区域的冰雹灾害风险等级空间分布图。

表5.2　冰雹灾害风险评估等级划分标准

风险级别	含义	划分原则
1	高风险	$[2.5\overline{V},+\infty)$
2	较高风险	$[1.5\overline{V},2.5\overline{V})$
3	中等风险	$[\overline{V},1.5\overline{V})$
4	较低风险	$[0.5\overline{V},\overline{V})$
5	低风险	$[0,0.5\overline{V})$

5.2.5.2　风险区划制图

根据中国气象局全国气象灾害综合风险普查工作领导小组办公室《关于印发气象灾害综合风险普查图件类成果格式要求的通知》(气普领发〔2021〕9号)，气象灾害受灾人口、GDP、农作物综合风险图色彩样式要求(表5.3—表5.5)，绘制风险区划图。

表5.3　气象灾害受灾人口综合风险图色彩样式

风险级别	色带	色值(CMYK值)
高等级		0,100,100,25
较高等级		15,100,85,0
中等级		5,50,60,0
较低等级		5,35,40,0
低等级		0,15,15,0

表5.4　气象灾害GDP综合风险图色彩样式

风险级别	色带	色值(CMYK值)
高等级		15,100,85,0
较高等级		7,50,60,0
中等级		0,5,55,0
较低等级		0,2,25,0
低等级		0,0,10,0

表5.5　气象灾害农作物综合风险图色彩样式

风险级别	色带	色值(CMYK值)
高等级		0,40,100,45
较高等级		0,0,100,45
中等级		0,0,100,25
较低等级		0,0,60,0
低等级		0,5,15,0

5.3　致灾因子特征分析

　　根据《内蒙古冰雹灾害调查与风险评估技术细则》，基于西乌珠穆沁旗范围内1个国家级地面气象观测站1978年至2020年冰雹数据，完成了西乌珠穆沁旗冰雹时空分布特征分析制图(图5.2—图5.8)。包括：雹日年际变化、降雹持续时间年际变化、雹日年内变化、降雹持续时间年内变化、冰雹最大直径年内变化、降雹日变化以及冰雹日数空间分布图。其中，图5.3、图5.5和图5.6中，实心圆点代表平均值，空心点代表最大值与最小值，无空心点的年份表示该年份只有一个值。

　　西乌珠穆沁旗冰雹日数每年均在7 d以内，降雹日数呈现波动减少的趋势(图5.2)；降雹持续时间均在40 min以内，平均降雹持续时间普遍在5～15 min(图5.3)。

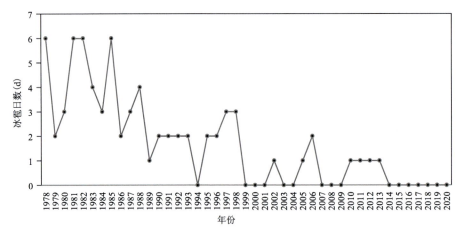

图5.2　1978—2020年西乌珠穆沁旗雹日数变化

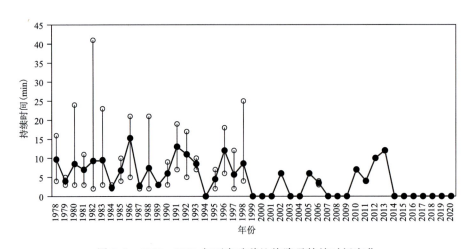

图5.3　1978—2020年西乌珠穆沁旗降雹持续时间变化

　　西乌珠穆沁旗冰雹主要集中在4月至9月，5月开始雹日明显增多，6月降雹日数最多达26 d，7月次之(图5.4)。

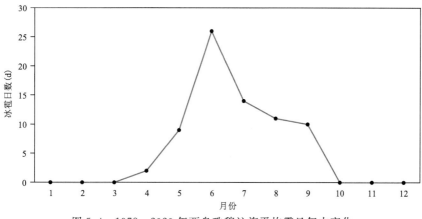

图 5.4　1978—2020 年西乌珠穆沁旗平均雹日年内变化

西乌珠穆沁旗冰雹平均降雹持续时间 4—9 月几乎相当，平均降雹持续时间为 9 min，最长可持续达 40 min，发生在 5 月，其余月份最长的降雹持续时间均在 25 min 以内（图 5.5）。

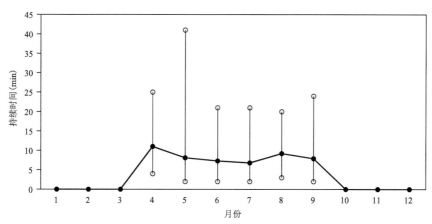

图 5.5　1978—2020 年西乌珠穆沁旗降雹持续时间年内变化

西乌珠穆沁旗冰雹最大直径 4—9 月均有观测资料，最大冰雹直径为 50 mm，出现在 8 月（图 5.6）。

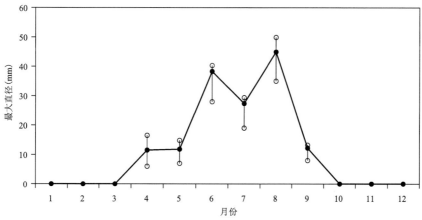

图 5.6　1978—2020 年西乌珠穆沁旗冰雹最大直径年内变化

西乌珠穆沁旗降雹主要出现在 07 时、10 时至 22 时,下午降雹最多,午夜无冰雹记录(图 5.7)。

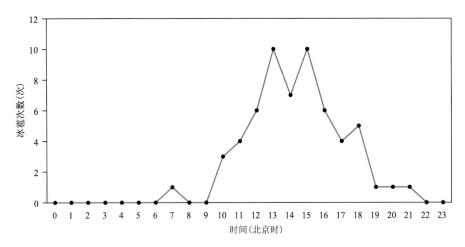

图 5.7　1978—2020 年西乌珠穆沁旗降雹次数日变化

西乌珠穆沁旗冰雹日数空间分布整体为西高东低,自西向东逐渐减少,但西乌珠穆沁旗西部大部区域雹日均较多(图 5.8)。

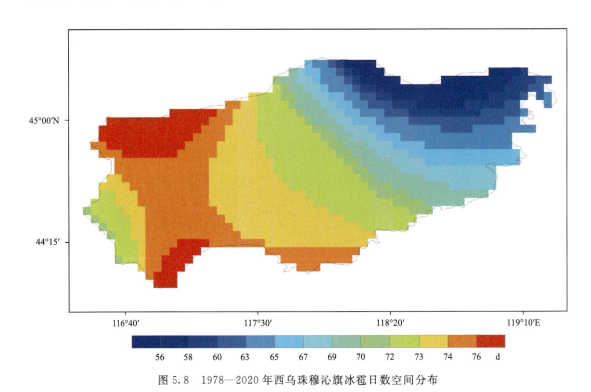

图 5.8　1978—2020 年西乌珠穆沁旗冰雹日数空间分布

初步完成了西乌珠穆沁旗的雹日重现期分析(图 5.9)。

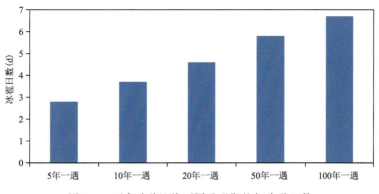

图 5.9　西乌珠穆沁旗不同重现期的年冰雹日数

5.4　典型过程分析

2018 年 6 月 19 日,西乌珠穆沁旗阿尔本格勒镇出现雹灾,冰雹持续时间约 10 min,雹径 10～15 mm。受灾农作物为玉米、大豆。据核实统计,受灾 11508 人。农作物受灾 7402.8 hm²,农业经济损失 555.24 万元。

2020 年 7 月 6 日,西乌珠穆沁旗新林镇营林村、阿拉达尔吐苏木巴雅嘎查、巴达尔胡镇乌兰格日勒嘎查、巴彦扎拉嘎乡宏发村出现雹灾,受灾农作物玉米 16500 亩,均成灾。其中新林镇营林村受灾 2000 亩,阿拉达尔吐苏木巴雅嘎查受灾 4000 亩,巴彦扎拉嘎乡宏发村受灾 5000 亩,巴达尔胡镇乌兰格日勒嘎查受灾 5500 亩。受灾涉及 996 人。直接经济损失约 165 余万元(玉米每亩地直接经济损失约 100 元,16500 亩合计约 165 余万元)。

5.5　致灾危险性评估

基于西乌珠穆沁旗冰雹致灾危险性指数,综合考虑行政区划,采用自然断点法将冰雹致灾危险性进行空间单元的划分,共划分为 4 个等级(表 5.6),分别为高危险性区(1 级)、较高危险性区(2 级)、中等危险性区(3 级)和低危险性区(4 级),并绘制西乌珠穆沁旗冰雹致灾危险性等级图(图 5.10)。

表 5.6　西乌珠穆沁旗冰雹危险性区划等级数据

危险性等级	含义	指标
4	低危险性	0～0.752
3	中等危险性	0.752～0.788
2	较高危险性	0.788～0.822
1	高危险性	0.822～0.970

由图 5.10 可知,西乌珠穆沁旗冰雹致灾危险性空间分布总体呈中间高、东西两边危险性逐渐降低的特征。以西乌珠穆沁旗政府所在地巴彦乌拉镇为中心向南为高危险性区域,主要为巴彦乌拉镇和浩勒图高勒镇;吉仁高勒镇、巴彦胡舒苏木、乌兰哈达嘎苏木为较高危险性区

域;西乌珠穆沁旗东北部为低危险性区域。

图 5.10　西乌珠穆沁旗冰雹灾害危险性等级区划

5.6　灾害风险评估与区划

5.6.1　人口风险评估与区划

基于西乌珠穆沁旗冰雹灾害人口风险评估指数,结合行政单元进行空间划分,采用自然断点法将风险等级划分为 5 个等级(表 5.7),分别对应高风险区(1 级)、较高风险区(2 级)、中风险区(3 级)、较低风险区(4 级)和低风险区(5 级),并绘制西乌珠穆沁旗冰雹灾害人口风险区划图(图 5.11)。

表 5.7　西乌珠穆沁旗冰雹灾害人口风险等级

风险等级	含义	指标
5	低风险	0～0.007
4	较低风险	0.007～0.039
3	中风险	0.039～0.090
2	较高风险	0.090～0.222
1	高风险	0.222～0.669

从西乌珠穆沁旗冰雹灾害人口风险等级区划（图 5.11）可知：冰雹灾害人口风险空间分布与冰雹危险性空间分布有一定相似性，以西乌珠穆沁旗政府所在地巴彦乌拉镇为中心是高风险区域。西乌珠穆沁旗除高日罕镇、宝日格斯台苏木为较低风险和低风险区域外，其余苏木或镇均为较高风险区域。

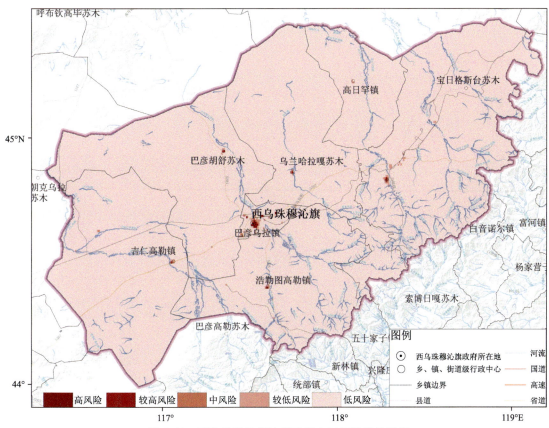

图 5.11　西乌珠穆沁旗冰雹灾害人口风险等级区划

5.6.2　GDP 风险评估与区划

基于西乌珠穆沁旗冰雹灾害 GDP 风险评估指数，结合行政单元进行空间划分，采用自然断点法将风险等级划分为 5 个等级（表 5.8），分别对应高风险区（1 级）、较高风险区（2 级）、中风险区（3 级）、较低风险区（4 级）和低风险区（5 级），并绘制西乌珠穆沁旗冰雹灾害 GDP 风险区划图（图 5.12）。

表 5.8　西乌珠穆沁旗冰雹灾害 GDP 风险等级

风险等级	含义	指标
5	低风险	0～0.015
4	较低风险	0.015～0.051
3	中风险	0.051～0.102
2	较高风险	0.102～0.517
1	高风险	0.517～0.622

从西乌珠穆沁旗冰雹灾害 GDP 风险等级区划（图 5.12）知,西乌珠穆沁旗冰雹灾害 GDP 风险空间分布特征与冰雹灾害人口风险空间分布相似,高风险区域主要分布在巴彦乌拉镇,其他苏木或镇均为低风险区域。

图 5.12　西乌珠穆沁旗冰雹灾害 GDP 风险等级区划

5.7　小结

西乌珠穆沁旗冰雹主要发生在 4—9 月,冰雹日数每年均在 7 d 以内,6 月降雹日最多,可达 26 d,降雹持续时间均在 40 min 以内,平均降雹持续时间普遍在 5～15 min,平均降雹持续时间 9 min。西乌珠穆沁旗冰雹危险性以低到较高风险区为主,较高风险区位于西乌珠穆沁旗的宝日格斯台苏木,西乌珠穆沁旗冰雹灾害人口和 GDP 风险区划空间分布特征基本一致,风险主要集中在旗政府所在地巴彦乌拉镇附近,受灾人口风险等级和直接经济损失风险等级均最高。

第6章 高 温

6.1 数据

6.1.1 气象数据

使用内蒙古自治区气象信息中心提供的西乌珠穆沁旗范围内 1 个国家级地面气象观测站（西乌珠穆沁站）建站至 2020 年逐日气温（平均气温、最高气温、最低气温）数据以及 7 个骨干区域自动气象站 2016—2020 年逐日气温数据。

6.1.2 地理信息数据

行政区划数据来源于国务院普查办下发的旗（县）、乡级行政边界。平面坐标系采用 2000 国家大地坐标系（CGCS），坐标单位为"度"。

西乌珠穆沁旗数字高程模型（DEM）数据为空间分辨率 90 m 的 SRTM（Shuttle Radar Topography Mission）数据。

同时收集了西乌珠穆沁旗各乡（镇）政府所在地的经度、纬度、海拔高度等数据。

6.1.3 承灾体数据

承灾体数据来源于国务院普查办下发的西乌珠穆沁旗人口（单位：人）、国内生产总值（GDP，单位：万元）和三大农作物（小麦、玉米、水稻）种植面积（单位：hm²）的标准格网数据，空间分辨率为 30″×30″。由于西乌珠穆沁旗为牧区，因此西乌珠穆沁旗没有三大农作物种植。

草地分布位置数据为内蒙古自治区气象局生态与农业气象中心依据 2009 年第二次全国土地调查数据提取。

6.2 技术路线及方法

内蒙古高温灾害风险评估与区划技术路线如图 6.1 所示。

6.2.1 致灾过程确定

6.2.1.1 高温过程的确定及过程强度的判别

以单个国家级气象观测站日最高气温≥35 ℃的高温日为单站高温日。定义连续 3 d 及以上最高气温≥35 ℃为一个高温过程。高温过程首个/最后一个高温日是高温过程开始日/结束日。

根据高温过程持续时间、过程日最高气温，将高温过程强度分为弱、中等、强 3 个强度等

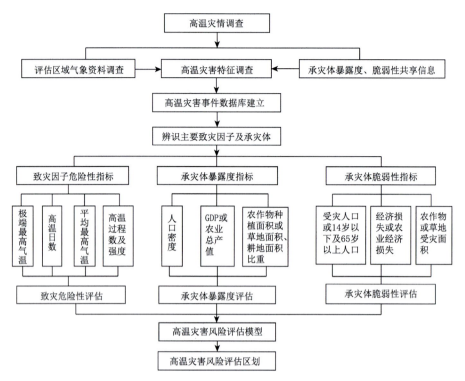

图 6.1　内蒙古高温灾害风险评估与区划技术路线

级，判别标准见表 6.1。

表 6.1　高温过程强度判别标准

强度	统计标准
弱	连续 3～4 d 出现日最高气温≥35 ℃，且未超过 38 ℃
中等	连续 5～7 d 出现日最高气温≥35 ℃，且未超过 38 ℃
强	连续 8 d 以上出现日最高气温≥35 ℃，或连续 3 d 日最高气温≥38 ℃

6.2.1.2　致灾因子危险性调查

主要调查西乌珠穆沁旗从建站以来高温过程开始时间、高温过程结束时间、影响范围（气象站点）、影响范围（乡（镇））、过程平均最高气温、日较差、单日最大范围（气象站点）、单日最大范围（乡（镇））、单日最大范围出现日期、单日最高气温、单日平均气温、单日最高气温出现日期。

6.2.1.3　高温灾害承灾体社会经济调查

主要调查 1978 年以来西乌珠穆沁旗及所属各乡（镇）的总人口数、14 岁以下及 65 岁以上人口数，地区生产总值、土地面积、草地分布及面积。

6.2.1.4　高温灾害灾情信息调查

主要调查 1978 年以来西乌珠穆沁旗及所属各乡（镇）的受灾人口，草地受灾面积、直接经济损失。

6.2.1.5 骨干区域站数据处理及重构

因西乌珠穆沁旗仅有 1 个国家级气象观测站,为解决旗(县)级国家级气象站少、空间分辨率不高的问题,选用骨干区域气象站数据序列重构方法提高站点密度,提高空间分辨率。对西乌珠穆沁旗 7 个骨干区域气象站与国家级气象站分别进行相关分析,拟合相关系数均达到 0.97 以上,各区域气象站的线性回归方程参数如表 6.2。重构出 1961—2020 年骨干区域气象站的逐日气温时间序列数据。

表 6.2 西乌珠穆沁旗各骨干区域站回归方程的参数

区域气象站	回归系数项	常数项	拟合相关系数
巴彦花	0.9348	0.3923	0.9793
达布希勒图	1.0239	−0.7495	0.9972
高日罕	1.0323	−0.8430	0.9955
杰仁	1.0138	−0.6630	0.9956
巴彦胡硕	1.0357	−0.2822	0.9965
浩勒图高勒	0.9993	−0.8810	0.9975
吉仁高勒	1.0143	−0.1724	0.9970

6.2.2 致灾因子危险性评估

根据评估区域高温灾害特点,基于高温事件的发生强度、发生频率、持续时间、影响范围等,依据高温致灾机理确定高温致灾因子。通过归一化处理、权重系数的确定,构建致灾危险性评估模型,计算危险性指数,对高温灾害危险性进行基于空间单元的危险性等级划分。

高温灾害致灾危险性评估技术路线如图 6.2 所示。

6.2.2.1 致灾因子定义与识别

高温灾害致灾因子包括高温过程持续时间和高温强度。高温强度可选取高温过程的极端最高气温、过程平均最高气温等。亦可根据评估区域的高温灾害气候特点、资料收集情况等识别或选取不同高温灾害致灾因子,如极端最高气温、平均最高气温、≥35 ℃高温日数、≥32 ℃高温日数等。基于高温灾害的影响和危害程度,结合评估区域高温灾害气候特点,确定高温灾害致灾因子。

6.2.2.2 归一化处理

将有量纲的致灾因子数值经过归一化处理转化为无量纲的数值,进而消除各指标的量纲差异。

归一化采用线性函数归一化方法,其计算公式为:

$$x' = \frac{x - x_{min}}{x_{max} - x_{min}}$$

式中,x'为归一化后的数据,x为样本数据,x_{min}为样本数据中的最小值,x_{max}为样本数据中的最大值。

6.2.2.3 高温灾害危险性指数计算

当高温天气过程异常或超常变化达到某个临界值时,有给经济社会系统造成破坏的可能。综合考虑高温过程的强度、持续时间和发生频率等特征,定义一个综合高温指数来对高温过程

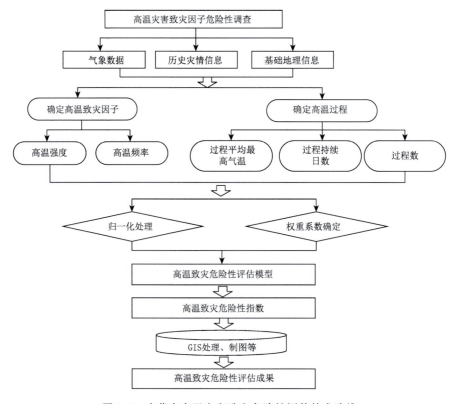

图 6.2　内蒙古高温灾害致灾危险性评估技术路线

危险性进行评价分级,该综合指数包括了能较好表征高温过程特征的关键指标,综合高温指数通过多个过程指标的加权综合得到。

高温灾害致灾因子危险性指数计算如下:

$$H = \sum_{i=1}^{N} (a \times x_i)$$

式中,H 为高温灾害致灾因子危险性指数,x_i 为第 i 种致灾因子归一化值,a 为第 i 种致灾因子权重系数,各评价指标对应的权重系数总和为 1。

危险性评估的权重系数可采用熵权法或专家打分法等确定。熵权法的计算可由以下公式实现:

设评价体系是由 m 个指标 n 个对象构成的系统,首先计算第 i 项指标下第 j 个对象的指标值 r_{ij} 所占指标比重 P_{ij}:

$$P_{ij} = \frac{r_{ij}}{\sum_{j=1}^{n} r_{ij}} \qquad i = 1, 2 \cdots, m ; j = 1, 2 \cdots, n$$

由熵权法计算第 i 个指标的熵值 S_i

$$S_i = -\frac{1}{\ln} \sum_{j=1}^{n} P_{ij} \ln P_{ij} \qquad i = 1, 2, \cdots, m ; j = 1, 2 \cdots, n$$

计算第 i 个指标的熵权,确定该指标的客观权重 W_i

$$W_i = \frac{1-S_i}{\sum\limits_{i=1}^{m}(1-S_i)} \qquad i=1,2,\cdots,m$$

根据西乌珠穆沁旗高温灾害事件的发生强度、持续时间、影响范围、发生频率等,选取西乌珠穆沁旗年极端最高气温、平均最高气温、高温日数作为高温灾害的致灾因子。根据专家打分法确定各致灾因子的权重系数,其中极端最高气温权重系数为 0.4、平均最高气温权重系数为 0.3、高温日数权重系数为 0.3。然后采用加权求和构建危险性指数计算模型,计算高温灾害危险性指数。

高温灾害危险性=0.4×极端最高气温+0.3×平均最高气温+0.3×高温日数(均一化后的数据)

6.2.2.4　高温灾害危险性指数空间推算

利用小网格推算法建立危险性指数空间推算模型。以海拔高度、经度、纬度为自变量,危险性指数为因变量,进行多元回归分析,确定回归方程参数,建立多元回归模型。基于海拔高度、经度、纬度格网数据,通过 GIS 空间分析法得到危险性指数格网数据,从而绘制出更为精细的高温灾害危险性指数空间分布图。

西乌珠穆沁旗高温灾害危险性指数空间推算的多元回归方程为:

危险性指数=8.445423-0.03086×经度-0.09243×纬度-0.00031×海拔高度

6.2.2.5　危险性等级划分

根据高温致灾危险性指数值分布特征,可使用标准差等方法将高温灾害危险性划分为高(1 级)、较高(2 级)、较低(3 级)、低(4 级)四个等级。

具体分级标准如下:

1 级:危险性值≥平均值+1σ

2 级:平均值≤危险性值<平均值+1σ

3 级:平均值-1σ≤危险性值<平均值

4 级:危险性值<平均值-1σ

其中,危险性值为危险性指数值,平均值为区域内非 0 危险性指数值均值,σ 为区域内非 0 危险性指数值的标准差。

6.2.2.6　高温灾害危险性制图

基于高温灾害危险性评估结果,运用自然断点法或最优分割法对高温灾害危险性进行基于空间单元的划分,绘制高温灾害危险性等级区划图。高温灾害危险性 4 个等级、含义及色值见表 6.3。

表 6.3　高温灾害危险性等级、含义和色值

危险性等级	含义	色值(CMYK 值)
1	高危险性	20,90,65,20
2	较高危险性	20,85,100,0
3	较低危险性	0,55,80,0
4	低危险性	0,30,85,0

6.2.3 风险评估与区划

6.2.3.1 高温灾害承灾体暴露度评估

承灾体暴露度指人员、生计、环境服务和各种资源、基础设施,以及经济、社会或文化资产处在有可能受不利影响的位置,是灾害影响的最大范围。

暴露度评估工作视承灾体组提供的信息项做遴选后开展。

暴露度评估可采用评估范围内各旗(县)或各乡(镇)人口密度、地区生产总值(GDP)、农作物种植面积占土地面积的比重等经过标准化处理后作为高温暴露度的评价指标,开展承灾体暴露度评估,暴露度指数计算方法如下:

$$I_{vs} = \frac{S_E}{S}$$

式中,I_{vs}为承灾体暴露度指标,S_E为各旗(县)或各乡(镇)总人口、地区生产总值(GDP)或主要农作物种植面积,S为区域总面积。

对评价指标进行归一化处理,得到不同承灾体的暴露度指数。暴露度评估可根据承灾体数据调整。

根据西乌珠穆沁旗承灾体共享资料获取情况,遴选地均人口密度、地均生产总值格网数据及提取的草地分布数据作为高温灾害人口、GDP及草地暴露度评价指标,采用线性函数归一化法对地均人口密度、地均GDP及草地分布格网数据进行归一化处理,开展高温灾害人口、GDP、草地暴露度评估。

6.2.3.2 高温灾害承灾体脆弱性评估

承灾体脆弱性指受到不利影响的倾向或趋势。一是承受灾害的程度,即灾损敏感性(承灾体本身的属性);二是可恢复的能力和弹性(应对能力)。

脆弱性评估工作视灾情组提供的信息项做遴选后开展。

高温灾害脆弱性评估可采用评估范围内各旗(县)或各乡(镇)受灾人口、直接经济损失、农作物受灾面积比例、14岁以下及65岁以上人口数比例等数据标准化后作为高温脆弱性评价指标,开展承灾体脆弱性评估,脆弱性指数计算方法如下:

$$V_i = \frac{S_v}{S}$$

式中,V_i为第i类承灾体脆弱性指数,S_v为各旗(县)或乡(镇)受灾人口、直接经济损失或主要农作物受灾面积,S为各旗(县)或乡(镇)总人口、国内生产总值或农作物种植总面积。

对各评价指标进行归一化处理,得到不同承灾体的脆弱性指数。脆弱性评估可根据灾情信息处理结果做调整。

由于西乌珠穆沁旗高温灾害受灾人口、直接经济损失共享资料未获取到,无承灾体灾情信息,草地受灾面积数据获取不理想,无法满足计算人口、GDP、草地脆弱性评估的数据要求,因此西乌珠穆沁旗高温灾害暂未开展灾害人口、GDP、草地脆弱性评估。

6.2.3.3 高温灾害风险评估

根据高温灾害的成灾特征和风险评估的目的、用途,将致灾危险性指数、承灾体暴露度指数、承灾体脆弱性指数进行加权求积,建立风险评估模型,权重确定方法采用熵权法或专家打

分法,计算风险评估指数。加权求积评估模型如下:

$$I_{HRI} = I_{VH} \times I_{VSI} \times I_{VE}$$

式中,I_{HRI}为特定承灾体高温灾害风险评价指数,I_{VH}为致灾因子危险性指数,I_{VSI}为承灾体暴露度指数,I_{VE}为脆弱性指数。当脆弱性数据获取不到时,直接将I_{VH}和I_{VSI}进行加权求积计算高温灾害风险。

西乌珠穆沁旗高温灾害人口风险评估、GDP 风险评估及草地风险评估计算方法如下:

人口风险=致灾因子危险性×人口暴露度(均一化后数据)

GDP 风险=致灾因子危险性×GDP 暴露度(均一化后数据)

草地风险=致灾因子危险性×草地暴露度(均一化后数据)

6.2.3.4　高温灾害风险等级划分

根据高温灾害风险评估模型评估结果和评价指数的分布特征,可使用标准差法或自然断点法分级,定义风险等级区间,将高温灾害风险划分为高(1 级)、较高(2 级)、中(3 级)、较低(4级)、低(5 级)五个等级(表 6.4)。

表 6.4　高温灾害风险分区等级

等级	1	2	3	4	5
风险	高	较高	中	较低	低

标准差方法具体分级标准如下:

1 级:风险值≥平均值+1σ

2 级:平均值+0.5σ≤风险值<平均值+1σ

3 级:平均值-0.5σ≤风险值<平均值+0.5σ

4 级:平均值-1σ≤风险值<平均值-0.5σ

5 级:风险值<平均值-1σ

其中,风险值为风险评估结果指数,平均值为区域内非 0 风险指数均值,σ为区域内非 0 风险值的标准差。

评估区域亦可根据实际数据分布特征,对风险值最大值或最小值的分级标准进行适当调整。

6.2.3.5　高温灾害风险区划

根据高温灾害风险评估结果,综合考虑地形地貌、区域特征等,对高温灾害风险进行基于空间单元的划分。按照不同的色值(表 6.5、表 6.6、表 6.7)绘制风险区划(分区)图,完成高温灾害人口、GDP 风险区划及草地风险区划。

表 6.5　高温灾害人口风险等级及色值

风险等级	含义	色值(CMYK 值)
1	高风险	0,100,100,25
2	较高风险	15,100,85,0
3	中风险	5,50,60,0
4	较低风险	5,35,40,0
5	低风险	0,15,15,0

表 6.6　高温灾害 GDP 风险等级及色值

风险等级	含义	色值(CMYK 值)
1	高风险	15,100,85,0
2	较高风险	7,50,60,0
3	中风险	0,5,55,0
4	较低风险	0,2,25,0
5	低风险	0,0,10,0

表 6.7　高温灾害草地风险等级及色值

风险等级	含义	表征颜色	色值(RGB 值)
1	高风险	红色	255,34,0
2	较高风险	橙色	255,153,0
3	中风险	黄色	255,255,0
4	较低风险	蓝色	0,112,255
5	低风险	绿色	152,230,0

6.3　致灾因子特征分析

6.3.1　年际变化特征

6.3.1.1　平均最高气温

1955—2020 年西乌珠穆沁旗年平均最高气温整体上呈波动升高的趋势(图 6.3),线性升高速率为 0.32 ℃/10a;年际波动较大,极大值出现在 2007 年,为 10.7 ℃,极小值出现在 1956 年,为 6.1 ℃。1988 年后较常年(1981—2010 年)平均值偏高态势更加明显。

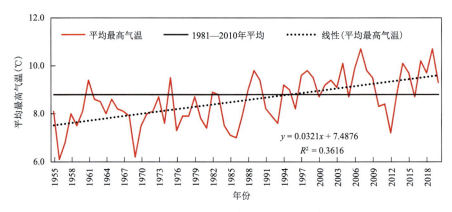

图 6.3　1955—2020 年西乌珠穆沁旗年平均最高气温变化

6.3.1.2　极端最高气温

1955—2020 年西乌珠穆沁旗年极端最高气温整体上呈波动升高的趋势（图 6.4），线性升高速率为 0.49 ℃/10a；年际波动较大，极大值出现在 2016 年，为 40.0 ℃，极小值出现在 1959 年，为 28.5 ℃。与常年（1981—2010 年）平均值相比，1997 年之后极端高温偏高频率增大。

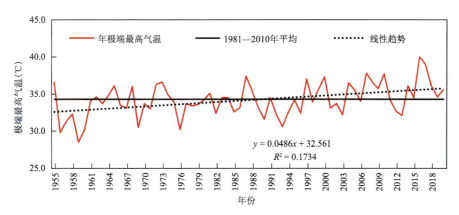

图 6.4　1955—2020 年西乌珠穆沁旗年极端最高气温变化

6.3.1.3　高温日数

1955—2020 年，西乌珠穆沁旗 67％的年份高温日数为 0，整体上呈增多的趋势（图 6.5），线性增加速率为 0.36 d/10a；年高温日数最大值出现在 2016 年，为 11 d。

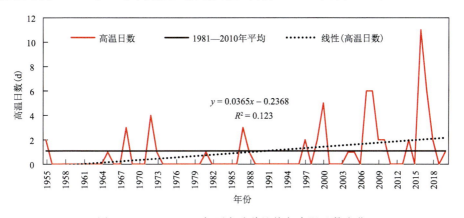

图 6.5　1955—2020 年西乌珠穆沁旗年高温日数变化

6.3.1.4　高温过程

1955—2020 年，西乌珠穆沁旗共出现高温过程 8 次，年高温过程次数呈上升趋势。1955—1999 年只出现 2 次高温过程（1968 年和 1987 年各 1 次），2000—2020 年高温过程有所增加，共 6 次（图 6.6）。根据高温过程强度判别标准，西乌珠穆沁旗高温过程强度为弱过程的有 6 次，中等过程和强过程各 1 次（均出现在 2016 年）（表 6.8）。

1959—2020 年的 13 次高温过程平均最高气温为 36.7 ℃，平均极端最高气温为 39.0 ℃，均呈上升趋势（图 6.7、图 6.8）。

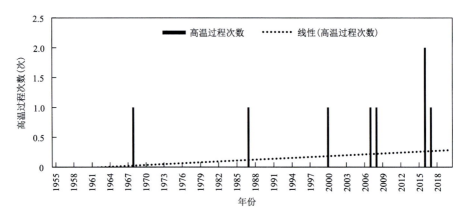

图 6.6　1955—2020 年西乌珠穆沁旗高温过程次数变化

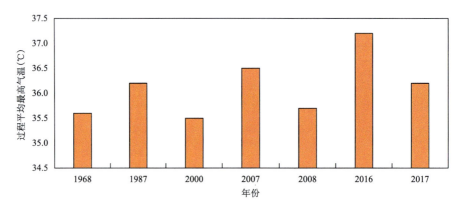

图 6.7　1955—2020 年西乌珠穆沁旗高温过程平均最高气温变化

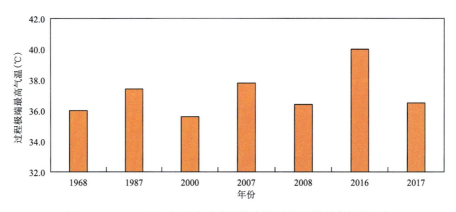

图 6.8　1955—2020 年西乌珠穆沁旗高温过程极端最高气温变化

表 6.8　西乌珠穆沁旗高温过程次数及强度分布表

年份	高温过程持续日数（d）	高温过程次数（次）	弱（次）	中（次）	强（次）	平均高温强度	过程平均最高气温（℃）	过程极端最高气温（℃）
1968	3	1	1	0	0	弱	35.6	36.0
1987	3	1	1	0	0	弱	36.2	37.4
2000	3	1	1	0	0	弱	35.5	35.6
2007	3	1	1	0	0	弱	36.5	37.8
2008	4	1	1	0	0	弱	35.7	36.4
2016	9	2	0	1	1	中	37.2	40.0
2017	3	1	1	0	0	弱	36.2	36.5
总计/平均	28	8	6	1	1	弱	36.1	37.1

6.3.2　月际变化特征

6.3.2.1　最高气温

1955—2020 年,西乌珠穆沁旗平均最高气温夏季最高,为 25.0 ℃,春、秋季次之,分别为 10.2 ℃和 9.4 ℃,冬季最低,为−10.6 ℃。春季极端最高气温出现在 5 月,为 36.1 ℃;夏季出现在 8 月,达 40.0 ℃;秋季出现在 9 月 ,为 34.2 ℃;冬季出现在 2 月,为 10.7 ℃(图 6.9)。

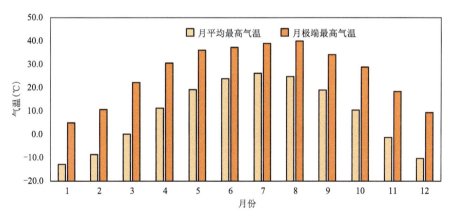

图 6.9　西乌珠穆沁旗平均最高气温和极端最高气温月际变化

6.3.2.2　高温日数

1955—2020 年,西乌珠穆沁旗高温日出现在 5—8 月,其中主要分布在 7 月,为 40 d,占全年高温日的 62%;6 月和 8 月高温日数分别为 7 d 和 16 d,5 月高温日数较少(仅 2 d)(图 6.10)。

6.3.2.3　高温过程

西乌珠穆沁旗高温过程出现时间集中在 6 月下旬至 8 月上旬,持续时间为 3～5 d,最大极端最高气温为 40.0 ℃,出现在 2016 年 8 月 4 日。

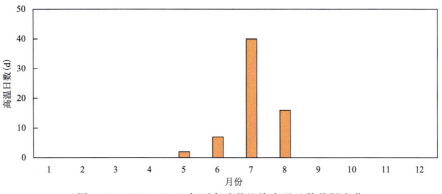

图 6.10 1955—2020 年西乌珠穆沁旗高温日数月际变化

6.3.3 致灾因子空间分布特征

6.3.3.1 平均最高气温

从西乌珠穆沁旗平均最高气温空间分布(图 6.11)来看,自南部向北逐步升高,至中部最高,中部向东北部有所降低。平均最高气温在 7.8～8.7 ℃,低值区出现在浩勒图高勒镇大部分区域,高值区主要分布在巴彦胡舒苏木、巴拉嘎尔高勒镇、吉仁高勒镇东北部和巴彦花镇西南部。

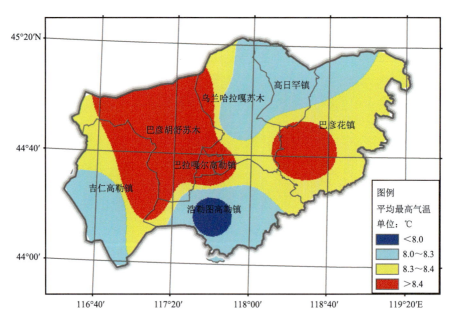

图 6.11 1959—2020 年西乌珠穆沁旗平均最高气温空间分布

6.3.3.2 极端最高气温

从西乌珠穆沁旗极端最高气温空间分布(图 6.12)来看,自西北向东南逐步下降。极端最高气温为 32.7～35.4 ℃,低值区出现在浩勒图高勒镇大部分区域和巴彦花镇南部,高值区主要分布在巴彦胡舒苏木东北部。

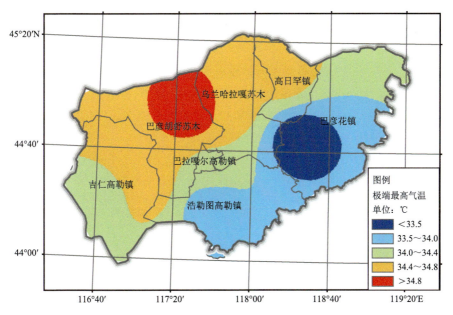

图 6.12　1959—2020 年西乌珠穆沁旗极端最高气温空间分布

6.3.3.3　高温日数

从西乌珠穆沁旗高温日数空间分布(图 6.13)来看,自西北向东南逐步下降。高温日数在0~2 d,低值区出现在巴彦花镇南部,高值区主要分布在高日罕镇北部、乌兰哈拉嘎苏木大部分区域、巴彦胡舒苏木、巴拉嘎尔高勒镇、吉仁高勒镇北部和东部。

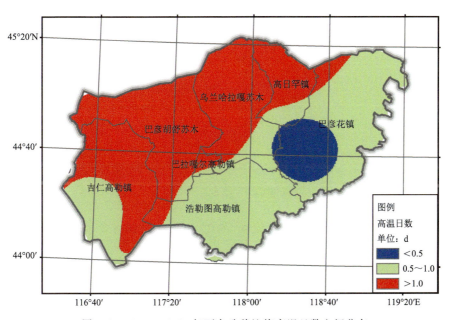

图 6.13　1959—2020 年西乌珠穆沁旗高温日数空间分布

6.4 典型过程分析

2007 年 7 月 25 日至 27 日，西乌珠穆沁旗出现连续 3 d 最高气温超过 35 ℃ 的高温过程，过程平均最高气温为 36.5 ℃，日较差为 20.4 ℃，其中 7 月 26 日最高气温达 37.8 ℃，过程日平均气温在 27.3～29.4 ℃。本次高温过程影响乌兰哈拉嘎苏木、巴彦胡舒苏木、高日罕镇、浩勒图高勒镇、吉仁高勒镇。

2016 年 8 月 2 日至 5 日，西乌珠穆沁旗出现连续 4 d 最高气温超过 35 ℃ 的高温过程，过程平均最高气温为 38.2 ℃，日较差为 20.6 ℃，其中 8 月 4 日最高气温达 40.0 ℃，过程日平均气温在 25.3～30.1 ℃。本次高温过程影响乌兰哈拉嘎苏木、巴彦胡舒苏木、高日罕镇、浩勒图高勒镇、吉仁高勒镇。

6.5 致灾危险性评估

西乌珠穆沁旗高温灾害危险性指数如表 6.9，其中吉仁高勒站危险性指数最高，为 0.453；巴彦花站危险性指数最低，为 0.327；西乌珠穆沁旗平均危险性指数为 0.373。西乌珠穆沁旗高温灾害危险性水平空间分布如图 6.14（具体分级见表 6.10），高、较高等级主要分布在吉仁高勒镇、巴彦胡舒苏木、巴彦乌拉镇、浩勒图高勒镇西部、乌兰哈拉嘎苏木大部分区域；低危险区主要分布在宝日格斯台苏木东部和南部、浩勒图高勒镇东部；其余为较低危险区。整体上自西向东逐渐降低。东部边缘海拔较高的地区也是危险性低值区。

表 6.9 西乌珠穆沁旗危险性指数

站名	危险性指数
西乌珠穆沁旗 （巴拉嘎尔高勒镇）	0.367
巴彦花	0.327
达布希勒图	0.345
高日罕	0.360
杰仁	0.395
巴彦胡硕	0.389
浩勒图高勒	0.398
吉仁高勒	0.404
全旗平均	0.373

表 6.10 西乌珠穆沁旗高温灾害危险性等级

危险性等级	含义	指标
4	低危险	0.087～0.309
3	较低危险	0.309～0.358
2	较高危险	0.358～0.408
1	高危险	0.408～0.470

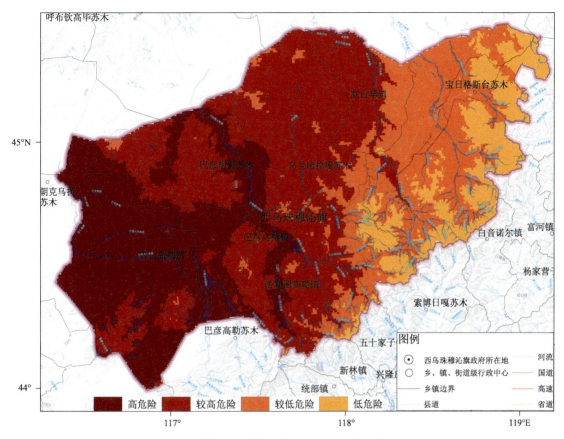

图 6.14 西乌珠穆沁旗高温灾害致灾危险性等级区划

6.6 灾害风险评估与区划

6.6.1 人口风险评估与区划

基于西乌珠穆沁旗高温灾害人口风险评估指数,结合行政单元进行空间划分,采用自然断点法将风险等级划分为 5 个等级(表 6.11),分别对应高(1 级)、较高(2 级)、中(3 级)、较低(4 级)和低(5 级)等级,并绘制西乌珠穆沁旗高温灾害人口风险区划图(图 6.15)。

表 6.11 西乌珠穆沁旗高温灾害人口风险等级

风险等级	含义	指标
5	低风险	0.057~0.148
4	较低风险	0.148~0.179
3	中风险	0.179~0.210
2	较高风险	0.210~0.322
1	高风险	0.322~0.501

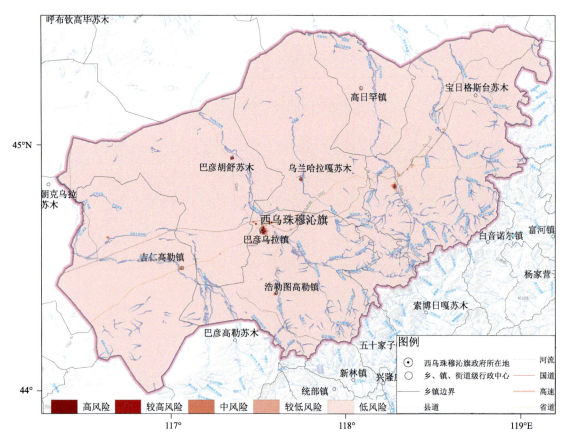

图 6.15　西乌珠穆沁旗高温灾害人口风险等级区划

由图 6.15 可知,西乌珠穆沁旗高温灾害人口风险空间分布特征与其人口分布特征类似,即人口越集中的地区其受灾人口风险越高。人口较为密集的旗政府所在地及周边、各苏木(镇)居民点属于高温灾害人口高风险区,其他地区风险相对较低。

6.6.2　GDP 风险评估与区划

基于西乌珠穆沁旗高温灾害 GDP 风险评估指数,结合行政单元进行空间划分,采用自然断点法将风险等级划分为 5 个等级(表 6.12),分别对应高(1 级)、较高(2 级)、中(3 级)、较低(4 级)和低(5 级)等级,并绘制西乌珠穆沁旗高温灾害 GDP 风险区划图(图 6.16)。

表 6.12　西乌珠穆沁旗高温灾害 GDP 风险等级

风险等级	含义	指标
5	低风险	0.046～0.160
4	较低风险	0.160～0.190
3	中风险	0.190～0.240
2	较高风险	0.240～0.368
1	高风险	0.368～0.601

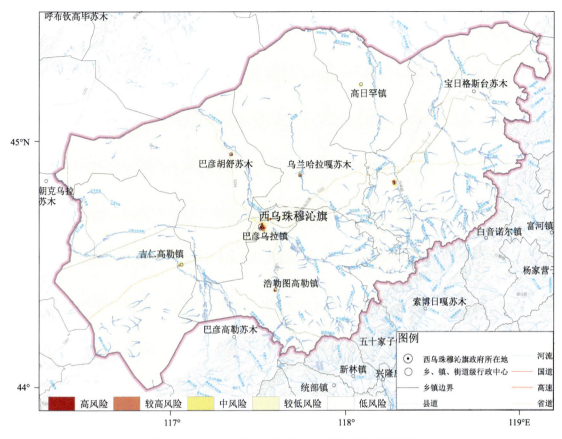

图 6.16　西乌珠穆沁旗高温灾害 GDP 风险等级区划

由图 6.16 可知,西乌珠穆沁旗高温灾害(GDP)风险较高地区空间分布与其 GDP 密度分布基本一致,即 GDP 越集中的地区其 GDP 损失风险越高。其中高温灾害 GDP 损失高、较高风险区主要位于旗政府所在地及周边、各苏木(镇),其他地区相对较低。

6.6.3　草地风险评估与区划

从西乌珠穆沁旗草地分布位置提取数据来看,西乌珠穆沁旗大部分地区为草地分布,仅吉仁高勒镇西部和浩勒图高勒镇东北角为牧草低暴露度区。西乌珠穆沁旗高温灾害草地风险区划图受高温灾害危险性空间分布影响较大,高、较高风险区集中在西部地区(表 6.13,图 6.17)。

表 6.13　西乌珠穆沁旗高温灾害牧草风险等级

风险等级	分区	指标
5	低风险	0.093～0.281
4	较低风险	0.281～0.326
3	中风险	0.326～0.366
2	较高风险	0.366～0.405
1	高风险	0.405～0.470

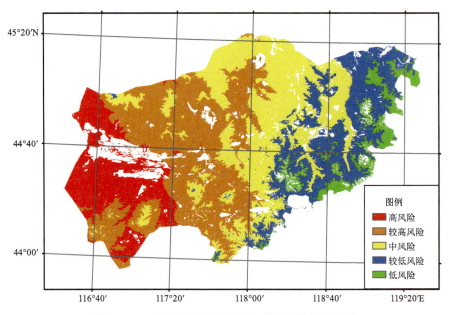

图 6.17　西乌珠穆沁旗高温灾害草地风险等级区划

6.7　小结

西乌珠穆沁旗高温过程较少,强度较弱,高温灾害影响较小,灾情数据暂未收集到。西乌珠穆沁旗高温灾害致灾危险性整体上自西向东逐渐降低,东部边缘海拔较高的地区是危险性低值区;高温灾害人口风险、GDP 风险的高、较高风险区主要集中于人口、经济密集区。西乌珠穆沁旗高温灾害牧草风险分布趋势与危险性基本一致,高、较高风险区主要分布在西部地区。

第7章 低 温

7.1 数据

7.1.1 气象数据

整理西乌珠穆沁旗1961—2020年国家级地面气象站逐日气温（平均气温、最低气温）、地面最低温度、降水（雪）、风速等气象观测数据，以及西乌珠穆沁旗境内6个骨干区域气象站2016—2020年逐日气温（平均气温、最低气温）数据。

利用西乌珠穆沁旗国家级地面气象站1961—2020年逐日平均气温、逐日最低气温数据，对所在旗（县）区域气象站2016—2020年逐日气温资料进行延长。最终获得1961—2020年西乌珠穆沁旗6个区域气象站逐日平均气温和逐日最低气温数据。数据延长的拟合方程以及决定系数如表7.1所示。

表7.1 区域站数据延长拟合方程及相关系数表

站点	气象要素	线性方程	R^2
达布希勒图	平均气温	$y=1.0125x-0.2397$	0.9931
	最低气温	$y=0.9932x+0.5163$	0.9692
高日罕	平均气温	$y=1.0292x-0.699$	0.9919
	最低气温	$y=1.0199x-0.6858$	0.9743
杰仁	平均气温	$y=1.0024x+0.0596$	0.9867
	最低气温	$y=0.9809x+0.9335$	0.9459
巴彦胡舒	平均气温	$y=1.0253x-0.197$	0.9939
	最低气温	$y=1.0158x-0.0732$	0.9781
浩勒图高勒	平均气温	$y=0.9909x-0.5266$	0.995
	最低气温	$y=0.9677x-0.0734$	0.9765
吉仁高勒	平均气温	$y=1.0095x-0.0977$	0.9942
	最低气温	$y=0.998x-0.2535$	0.9781

7.1.2 地理信息数据

行政区划数据为国务院普查办提供的西乌珠穆沁旗行政边界，大地基准为2000国家大地坐标系。数字高程模型（DEM）数据为空间分辨率为90 m的SRTM（Shuttle Radar Topography Mission）数据。

7.1.3　社会经济数据

历史灾情数据为西乌珠穆沁旗气象局通过灾情风险普查收集到的资料,主要来源于灾情直报系统、灾害大典、旗(县)统计局、旗(县)地方志以及地方民政部门等。

7.2　技术路线及方法

收集西乌珠穆沁旗1961年以来国家级地面气象站和区域气象站的逐日气温(平均气温、最低气温)、地面最低温度、降水(雪)、风速等气象观测数据,霜冻等特殊天气观测数据。收集西乌珠穆沁旗低温历史灾害信息、承灾体、基础地理、社会经济现状和社会发展规划等相关资料。选取冷空气(寒潮)、冷雨湿雪等低温灾害的频次、强度或持续时间等致灾因子确定灾害过程评估指标。通过危险性评估方法评估各低温灾害危险性等级,综合考虑该区域对低温灾害的暴露度特性,对低温灾害危险性进行基于空间单元的划分(图7.1)。

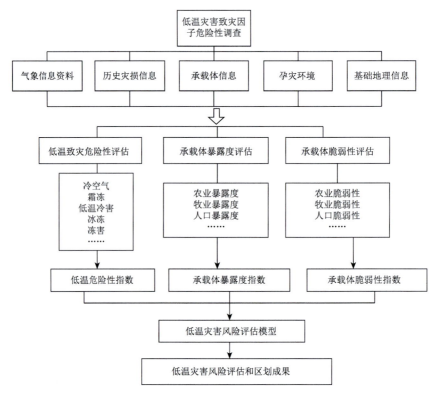

图 7.1　低温灾害风险评估与区划技术路线

7.2.1　致灾过程确定

7.2.1.1　冷空气(寒潮)致灾过程确定

单站冷空气判定:

冷空气过程识别依据《冷空气过程监测指标》(QX/T 393—2017),其强度分中等强度冷空气、强冷空气和寒潮：

(1)中等强度冷空气：单站 48 h 降温幅度≥6 ℃且<8 ℃的冷空气。

(2)强冷空气：单站 48 h 降温幅度≥8 ℃的冷空气。

(3)寒潮：单站 24 h 降温幅度≥8 ℃或单站 48 h 降温幅度≥10 ℃或单站 72 h 降温幅度≥12 ℃，且日最低气温≤4 ℃的冷空气。

冷空气持续 2 d 及以上，判定为出现一次冷空气过程。

区域性冷空气过程判定：

在同一次过程中，凡盟(市)所选气象站有 50％及以上的监测站达到中等以上强度冷空气则为一次全盟(市)性冷空气过程；凡东、中、西部各地区中有 50％及以上的盟(市)出现中等以上强度冷空气过程，定为该地区性冷空气过程；凡全区东、中、西部有 2 个或 3 个地区出现中等以上强度冷空气过程时，定为全区性冷空气过程。

当各地区中有 50％及以上的盟(市)达强冷空气标准(可包括 1 个盟(市)达寒潮标准)，定为该地区强冷空气；3 个地区达强冷空气标准(可包括 1 个地区达寒潮标准)定为全区性强冷空气。当各地区中有 50％及以上盟(市)达中等强度冷空气标准(可包括 1 个盟市达强冷空气标准)，定为该地区中等强度冷空气；3 个地区达中等强度冷空气标准(可包括 1 个地区达强冷空气标准)定为全区性中等强度冷空气。其中东部地区包括呼伦贝尔市、兴安盟、通辽市、赤峰市，中部地区包括锡林郭勒盟、乌兰察布市、呼和浩特市，西部地区包括包头市、鄂尔多斯市、巴彦淖尔市、乌海市、阿拉善盟。

7.2.1.2　霜冻害致灾过程确定

单站霜冻灾害判定：

参照内蒙古自治区地方标准《霜冻灾害等级》(DB15/T 1008—2016)，采用地面最低温度低于或等于 0 ℃的温度和出现日期的早、晚作为划分霜冻灾害等级的主要依据。气象站夏末秋初地面最低温度低于或等于 0 ℃时的第一日定为初霜日，春末夏初地面最低温度低于等于 0 ℃时的最后一日定为终霜日。没有地面最低气温的站点可参照《中国灾害性天气气候图集》，采用日最低气温≤2 ℃作为霜冻指标。

单站霜冻灾害等级划分：采用温度等级和初终霜日期出现早(提前)、晚(推后)天数或正常(气候平均日期)的综合等级指标。

(1)温度等级划分

当气象站某年出现霜冻后，依据当日地面最低温度(T)，将霜冻划分为三个等级，即：$-1<T\leqslant0$ ℃、$-3<T\leqslant-1$ ℃、$T\leqslant-3$ ℃。

(2)日期早、晚等级划分指标

以单站当年的初、终霜日比其气候平均日期早或晚的天数，将霜冻划分为四个等级，即：初霜日期比气候平均日期正常或晚 1～5 d、早 1～5 d、早 6～10 d、早 10 d 以上；终霜日期比其气候平均日期正常或早 1～5 d、晚 1～5 d、晚 6～10 d、晚 10 d 以上。

(3)单站霜冻灾害划分指标

依据温度等级和日期早晚等级划分指标，将霜冻灾害等级划分为三级，即：轻度霜冻、中度霜冻和重度霜冻。具体划分标准如表 7.2、表 7.3 所示。

表 7.2　单站初霜冻灾害等级划分指标

霜冻日期早、晚	灾害等级		
	−1～0 ℃	−3～−1 ℃	≤−3 ℃
正常或晚 1～5 d	无灾害	轻度灾害	轻度灾害
早 1～5 d	轻度灾害	中度灾害	重度灾害
早 6～10 d	中度灾害	中度灾害	重度灾害
早 10 d 以上	重度灾害	重度灾害	重度灾害

表 7.3　单站终霜冻灾害等级划分指标

霜冻日期早、晚	灾害等级		
	−1～0 ℃	−3～−1 ℃	≤−3 ℃
正常或早 1～5 d	无灾害	轻度灾害	轻度灾害
晚 1～5 d	轻度灾害	中度灾害	重度灾害
晚 6～10 d	中度灾害	中度灾害	重度灾害
晚 10 d 以上	重度灾害	重度灾害	重度灾害

区域霜冻灾害判定：

(1)若区域内有大于或等于 50％的国家级气象站发生了霜冻灾害，且其中发生重度霜冻的站点占一半以上，则认为该区域发生了重度霜冻灾害。

(2)若区域内有大于或等于 50％的国家级气象站发生了霜冻灾害，且其中发生中度以上霜冻的站点占一半以上，但未达到(1)条规定的条件时，则认为该区域发生了中度霜冻灾害。

(3)若区域内有大于或等于 50％的国家级气象站发生了霜冻灾害，但未达到(1)和(2)条规定的条件时，则认为该区域发生了轻度霜冻灾害。

这里所指的区域，可以是一个盟(市)或多个盟(市)或者全区。

7.2.1.3　低温冷害致灾过程确定

指在作物生长发育期间，尽管日最低气温在 0 ℃以上，天气比较温暖，但出现较长时间的持续性低温天气或者在作物生殖生长期间出现短期的强低温天气过程，日平均气温低于作物生长发育适宜温度的下限指标，影响农作物的生长发育和结实而引起减产的农业自然灾害。不同作物的各个生育阶段要求的最适宜温度和能够耐受的临界低温有很大的差异，品种之间也不相同，所以低温对不同作物、不同品种及作物的不同生育阶段的影响有较大差异。

单站低温冷害的判定指标：

(1)5—9 月≥10 ℃积温距平＜−100 ℃·d(可根据实际进行调整)。

(2)5—9 月平均气温距平之和≤−3 ℃；作物生育期内月平均气温距平≤−1 ℃。

(3)作物生育期内日最低气温低于作物生育期下限温度并持续 5 d 以上。

低温冷害年等级划分指标：①轻度低温冷害，对植株正常生育有一定影响，造成产量轻度下降；②中度低温冷害，低温冷害持续时间较长，作物生育期明显延迟，影响正常开花、授粉、灌浆、结实率低，千粒重下降；③重度低温冷害，作物因长时间低温不能成熟，严重影响产量和质量。

区域低温冷害判定：若区域内有大于或等于 50％的国家级气象站出现低温冷害，则为一次区域性低温冷害灾害事件。这里所指的区域,可以是一个盟(市)或多个盟(市)或者全区。

7.2.1.4 冷雨湿雪致灾过程确定

指在连续降雨或者雨夹雪的过程中(或之后)伴随着较强的降温或冷风。

单站冷雨湿雪判定:

满足以下任一条件为一个冷雨湿雪日:

(1)日降水量≥5 mm,5 ℃<日平均气温≤10 ℃,24 h 日最低气温降温幅度≥6 ℃。

(2)日降水量≥5 mm,5 ℃<日平均气温≤10 ℃,6 ℃≥24 h 日最低气温降温幅度>4 ℃,风速≥4 m/s。

(3)日降水量≥5 mm,日平均气温≤5 ℃,24 h 日最低气温降温幅度≥4 ℃。

(4)日降水量≥5 mm,日平均气温≤5 ℃,4 ℃≥24 h 日最低气温降温幅度>2 ℃,风速≥2 m/s。

区域冷雨湿雪判定:

若区域内有大于或等于50%的国家级气象站出现冷雨湿雪灾害,则为一次区域性冷雨湿雪灾害事件。这里所指的区域,可以是一个盟(市)或多个盟(市)或者全区。

7.2.1.5 低温灾害致灾因子确定

基于上述识别的低温灾害事件,确定各类型低温灾害致灾因子,如过程持续时间和强度,强度可选取过程平均气温(T_{ave})和过程极端最低气温(ET_{min})、过程平均最低气温(AT_{min})、过程最大降温幅度(process Maximum of ΔT_{min}, $max\Delta T$)、过程平均日照时数(PAS)、过程累计降水量(PAP)等。针对不同低温灾害类型,具体见表7.4。不同地区或盟(市)、旗(县)可根据灾情识别选取不同低温灾害致灾因子。

表 7.4　低温灾害致灾因子

低温灾害类型	危险性指标
冷空气(寒潮)	持续时间、过程最大降温幅度、过程极端最低气温等
霜冻	霜冻日数、霜冻开始和结束日日最低气温、霜冻期平均气温、霜冻期平均最低气温等
低温冷害	生育期月平均气温距平、≥10 ℃积温距平、5—9月平均气温距平、日最低气温低于作物生育期下限温度值、持续时间等
冷雨湿雪	持续时间、过程平均气温、过程累计降水量、过程平均风速等

7.2.2 致灾因子危险性评估

7.2.2.1 冷空气(寒潮)危险性指数计算公式如下:

$$H_{cold} = A \times D_{cold} + B \times max\Delta T + C \times ET_{min}$$

式中,H_{cold}为冷空气(寒潮)危险性指数;D_{cold}、$max\Delta T$、ET_{min}分别是归一化后的 3 个致灾因子指数;A、B、C 为权重系数。

7.2.2.2 霜冻危险性指数计算公式如下:

$$H_{frost} = A \times D_{frost} + B \times T_{ave} + C \times AT_{min}$$

式中,H_{frost}为霜冻害危险性指数;D_{frost}、T_{ave}、AT_{min}分别是归一化后的 3 个致灾因子指数;A、B、C 为权重系数。

7.2.2.3 低温冷害危险性指数

$$H_{dwlh} = A \times \Delta T + B \times D_{dwlh}$$

式中，H_{dwlh} 为低温冷害危险性指数；ΔT、D_{dwlh} 分别是归一化后的两个致灾因子指数，即低温冷害发生时段的平均气温距平、持续时间，A、B 为权重系数。

7.2.2.4 冷雨湿雪指数计算公式如下：

$$H_{lysx} = A \times D_{lysx} + B \times \overline{T} + C \times P + D \times \max \overline{v}$$

式中，H_{lysx} 为冷雨湿雪危险性指数；D_{lysx}、$\overline{T}$、P、$\max \overline{v}$ 分别是归一化后的 4 个致灾因子指数，即持续时间、过程平均气温、过程累计降水量、过程逐日风速的最大值；A、B、C、D 为权重系数。

低温灾害涉及冷空气(寒潮)、霜冻、低温冷害、冷雨湿雪等灾害类型，结合西乌珠穆沁旗实际，选择了冷空气、冷雨湿雪作为主要低温灾害类型，分别计算各低温灾害危险性指数后，将各低温灾害危险性指数加权求和得到低温灾害危险性。低温灾害危险性计算公式如下：

$$H = \sum_{i=1}^{N} (a_i \times X_i)$$

式中，H 为低温灾害危险性指数，X_i 为第 i 种低温灾害(如冷空气、霜冻、低温冷害、冷雨湿雪等)危险性指数值，a_i 为第 i 种低温灾害权重系数，可由熵权法、层次分析法、专家打分法或其他方法获得。利用小网格推算法建立研究区境内气象站点低温致灾因子与海拔高度的回归方程，通过 GIS 空间分析法对危险性指数进行空间插值，制作各类低温灾害危险性评估图。

基于低温灾害危险性评估结果，综合考虑行政区划(或气候区、流域等)，对低温灾害危险性进行基于空间单元的划分。并根据危险性评估结果制作成图。根据低温灾害危险性指标值分布特征，可使用标准差等方法将低温灾害危险性分为 4 级(表 7.5)。

表 7.5 低温灾害危险性等级划分标准

危险性等级	指标
1	$\geqslant ave + \sigma$
2	$[ave, ave + \sigma)$
3	$[ave - \sigma, ave)$
4	$< ave - \sigma$

注：ave、σ 分别为区域内非 0 危险性指标值均值、标准差。

7.2.3 风险评估与区划

7.2.3.1 暴露度评估

暴露度评估可采用区划范围内人口密度、地均 GDP、农作物种植面积比例、畜牧业所占面积比例等作为评价指标来表征人口、经济、农作物和畜牧业等承灾体暴露度。

以区划范围内承灾体数量或种植面积与总面积之比作为承灾体暴露度指标为例，暴露度指数计算方法如下：

$$I_{VS} = \frac{S_E}{S}$$

式中，I_{VS} 为承灾体暴露度指标，S_E 为区域内承灾体数量或种植面积，S 为区域总面积或耕地面积。对各评价指标进行归一化处理，得到不同承灾体的暴露度指数。

7.2.3.2 脆弱性评估

脆弱性评估可采用区域范围内低温灾害受灾人口、直接经济损失、受灾面积、灾损率等作为评价敏感性的指标来表征脆弱性。

以区域范围内受灾人口、直接经济损失、主要农作物受灾面积与总人口、国内生产总值、农作物总种植面积之比作为脆弱性指标为例,脆弱性指数计算方法如下:

$$V_i = \frac{S_V}{S}$$

式中,V_i 为第 i 类承灾体脆弱性指数,S_V 为受灾人口、直接经济损失或受灾面积,S 为总人口、国内生产总值或农作物种植总面积。对各评价指标进行归一化处理,得到不同承灾体的脆弱性指数。

7.2.3.3 风险评估

由于低温灾害涉及冷空气(寒潮)、霜冻、低温冷害、冷雨湿雪等灾害类型,结合西乌珠穆沁旗实际情况,选择了冷空气、冷雨、湿雪作为主要低温灾害类型,结合对不同承灾体暴露度和脆弱性评估结果,基于低温灾害风险评估模型,分别对各类低温灾害开展风险评估工作。低温灾害风险评估模型如下:

$$R = H \times E \times V$$

式中,R 为特定承灾体低温灾害风险评价指数,H 为致灾因子危险性指数,E 为承灾体暴露度指数,V 为脆弱性指数。

依据风险评估结果,针对不同承灾体,使用标准差法定义风险等级区间,可将低温灾害风险分为 5 级。风险等级划分标准见表 7.6。

表 7.6 低温灾害风险区划等级

风险等级	含义	指标
1	高风险	$\geqslant ave + \sigma$
2	较高风险	$[ave + 0.5\sigma, ave + \sigma)$
3	中风险	$[ave - 0.5\sigma, ave + 0.5\sigma)$
4	较低风险	$[ave - \sigma, ave - 0.5\sigma)$
5	低风险	$< ave - \sigma$

注:ave、σ 分别为区域内非 0 危险性指标值均值、标准差。

7.3 致灾因子特征分析

7.3.1 冷空气致灾因子特征分析

1954—2020 年,西乌珠穆沁旗平均每年出现 15.2 次冷空气过程,最多的年份出现 25 次,最少的年份出现 15 次。1954—2020 年西乌珠穆沁旗出现冷空气次数呈增加趋势,增加率为0.2 次/10a。从空间分布上看,冷空气次数西部多、南部略少,但总体差别不大。其中,吉仁高勒镇冷空气年平均发生次数最多,在 14 次以上,浩勒图高勒镇冷空气年平均发生次数最少,在13 次以下(图 7.2、图 7.3)。

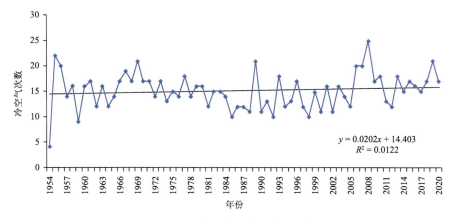

图 7.2 1954—2020 年西乌珠穆沁旗冷空气次数变化

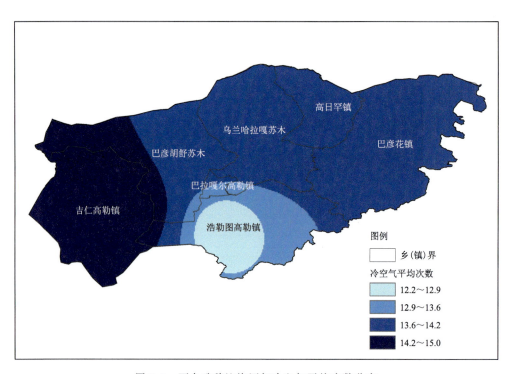

图 7.3 西乌珠穆沁旗历年冷空气平均次数分布

西乌珠穆沁旗冷空气平均持续时间为 2.3 d。冷空气历年最大降温幅度达 19.2 ℃,出现在 1987 年。1954—2020 年,西乌珠穆沁旗冷空气历年最大降温幅度呈略增大趋势,说明在气候变暖背景下,西乌珠穆沁旗极端降温的情况仍有发生。从空间分布上看,西乌珠穆沁旗北部的高日罕镇和巴彦胡舒苏木冷空气最大降温幅度最大,为 17.1~18.1 ℃;西部偏南降温幅度最小,在 16.5 ℃以下(图 7.4、图 7.5)。

西乌珠穆沁旗冷空气极端最低气温年际变化大,气候变暖背景下,西乌珠穆沁旗冷空气极端最低气温有略上升趋势,但是极端最低气温的极端性仍然存在,2018 年西乌珠穆沁旗冷空

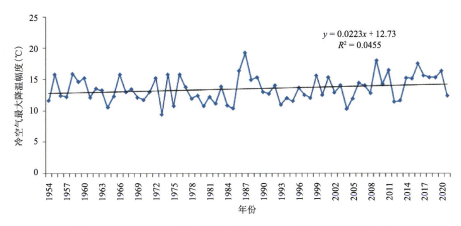

图 7.4 1954—2020 年西乌珠穆沁旗冷空气最大降温幅度变化

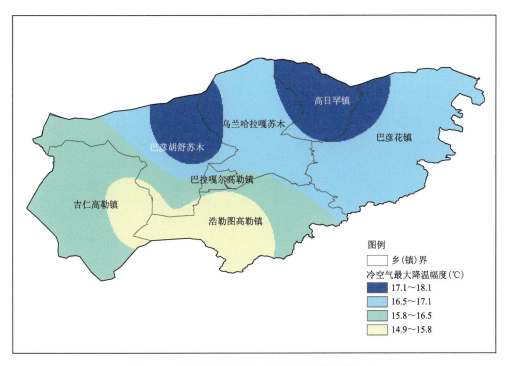

图 7.5 西乌珠穆沁旗冷空气最大降温幅度分布

气极端最低气温达－38.5 ℃,为 1954 年以来第一低值。从空间分布上看,冷空气极端最低气温的最低值出现在西乌珠穆沁旗东北部的高日罕镇,达－40 ℃以下,中西部大部分地区冷空气极端最低气温在－38～－35 ℃(图 7.6、图 7.7)。

7.3.2 冷雨湿雪时空特征

分析西乌珠穆沁旗 1961—2020 年历次冷雨湿雪持续时间、过程平均气温、过程极端最低气温、过程累计降水量、过程平均风速。气候变暖背景下,西乌珠穆沁旗各年代冷雨湿雪出现

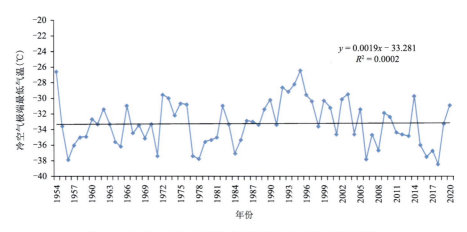

图 7.6　1961—2020 年西乌珠穆沁旗冷空气极端最低气温

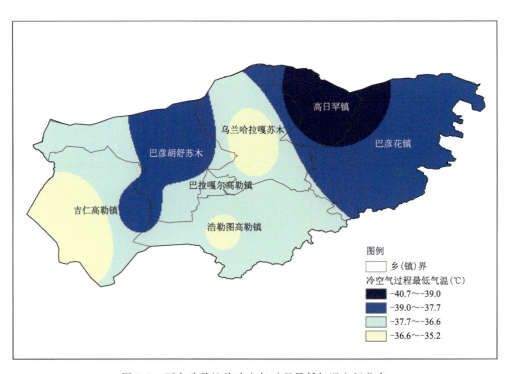

图 7.7　西乌珠穆沁旗冷空气过程最低气温空间分布

次数没有明显减少趋势,反而在气候变暖后的 20 世纪 90 年代,冷雨湿雪发生次数最多,比平均值偏多 3 次(图 7.8)。从持续时间上看,符合冷雨湿雪标准的过程一般只持续 1 d,个别持续 2 d,仅占 4%。冷雨湿雪是降温、降水和风综合影响造成的灾害,西乌珠穆沁旗近 60 年冷雨湿雪过程平均气温为 −16.8～9.6 ℃;过程极端最低气温为 −24.4～7.7 ℃,过程累计降水量为 5～40.5 mm,过程平均风速为 0.8～15.8 m/s。

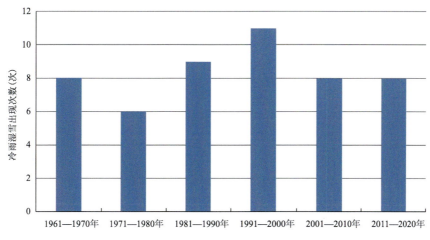

图 7.8　西乌珠穆沁旗冷雨湿雪出现次数年代际变化

7.4　致灾危险性评估

7.4.1　冷空气致灾危险性

　　利用冷空气危险性指数计算公式分别计算个西乌珠穆沁旗 1961—2020 年的所有冷空气（寒潮）过程，提取出每个过程的持续时间、过程最大降温幅度和过程极端最低气温。利用熵权法计算 3 个致灾因子的权重系数，得出西乌珠穆沁旗持续时间占 70%、过程最大降温幅度占 10%、过程极端最低气温占 20%。可以看出，西乌珠穆沁旗冷空气危险性较高的区域位于其北部，南部危险性低（图 7.9）。

　　由于冷空气多在极地与西伯利亚大陆上形成，其范围纵横长达数千千米，厚度达几千米到几十千米。强冷空气过程是冷气团从高纬度地区大规模向南侵袭的过程，影响范围较大，有的过程甚至影响整个内蒙古地区。而旗（县）的面积相对于冷空气影响面积较小，因此冷空气对其影响的空间差异特征不明显。

7.4.2　冷雨湿雪致灾危险性

　　利用冷雨湿雪危险性计算公式计算西乌珠穆沁旗 1961—2020 年的所有冷雨湿雪过程，提取出每个过程的持续时间、过程平均气温、过程累计降水量和过程逐日最大平均风速。结合灾情信息利用专家打分法给出西乌珠穆沁旗持续时间占 10%，过程平均气温占 50%，过程累计降水量占 20%，过程逐日最大平均风速占 20%，持续时间占 10%。利用以上权重和计算方法计算西乌珠穆沁旗冷雨湿雪危险性指数，可以看出，西乌珠穆沁旗冷雨湿雪的危险性呈由北向南递减趋势（图 7.10）。危险性最高的地区位于西乌珠穆沁旗北部地区。

7.4.3　低温灾害致灾危险性

　　计算 1961—2020 年影响西乌珠穆沁旗的冷空气和冷雨湿雪两种低温致灾因子的平均危险性指数，将其进行归一化，参考灾情信息，利用专家打分法给出两个危险性指数的权重系数，

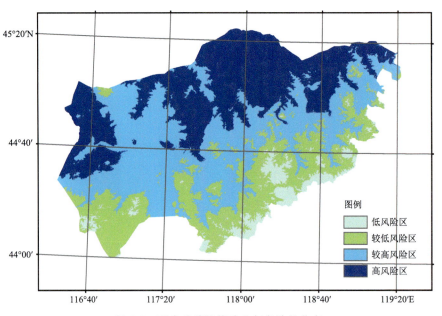

图 7.9　西乌珠穆沁旗冷空气危险性分布

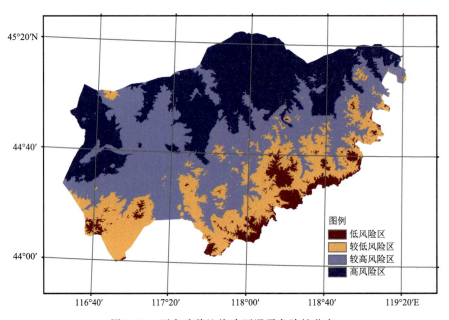

图 7.10　西乌珠穆沁旗冷雨湿雪危险性分布

冷空气危险性占 40%、冷雨湿雪危险性占 60%。可以看出,西乌珠穆沁旗低温灾害危险性与各类低温灾害的危险性分布一致,低温灾害危险性较高的区域位于北部(图 7.11)。具体低温危险各等级指数见表 7.7。

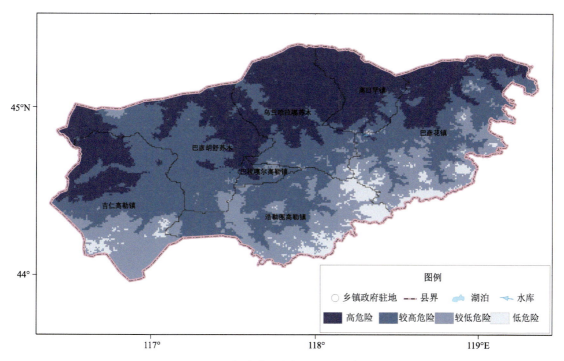

图 7.11 西乌珠穆沁旗低温灾害危险性区划

表 7.7 西乌珠穆沁旗低温灾害危险性区划(等级)

危险性等级	含义	指标
4	低危险性	0.161~0.318
3	较低危险性	0.318~0.360
2	较高危险性	0.360~0.392
1	高危险性	0.392~0.437

7.5 灾害风险评估与区划

7.5.1 人口风险评估与区划

西乌珠穆沁旗大部分地区低温灾害人口风险均为低风险,全旗大部分地区零星散布着较低风险的区域,个别地区有中风险区,高风险和较高风险主要集中在中部地区的巴彦乌拉镇(图 7.12)。人口风险各等级值见表 7.8。

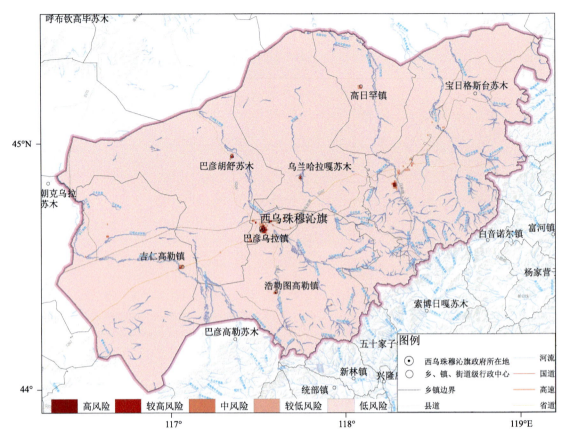

图 7.12　西乌珠穆沁旗低温灾害人口风险区划

表 7.8　西乌珠穆沁旗低温灾害人口风险等级

风险等级	含义风险	指标
5	低风险	0～0.013
4	较低风险	0.013～0.053
3	中风险	0.053～0.156
2	较高风险	0.156～0.388
1	高风险	0.388～0.845

7.5.2　GDP 风险评估与区划

　　因为 GDP 分布与人口分布一致,所以西乌珠穆沁旗大部分地区低温灾害 GDP 风险空间分布与人口风险分布基本一致。西乌珠穆沁旗大部分地区均为低风险,零星散布着较低风险的区域,个别地区有中风险区,高风险和较高风险主要集中在西乌珠穆沁旗中部地区的巴彦乌拉镇(图 7.13),GDP 风险各等级值见表 7.9。

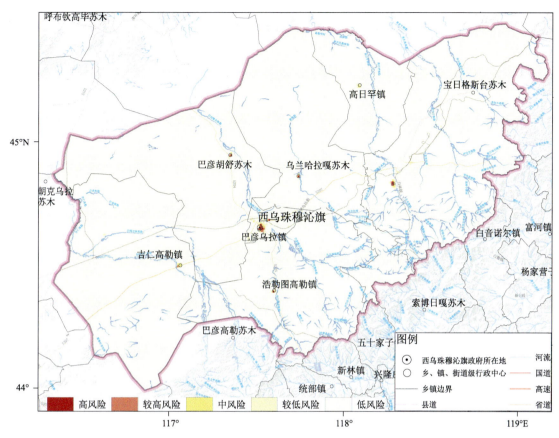

图 7.13　西乌珠穆沁旗低温灾害 GDP 风险区划

表 7.9　西乌珠穆沁旗低温灾害 GDP 风险等级

风险等级	含义	指标
5	低风险	0～0.040
4	较低风险	0.040～0.126
3	中风险	0.126～0.245
2	较高风险	0.245～0.424
1	高风险	0.424～0.845

7.6　小结

从普查的灾情信息看,西乌珠穆沁旗低温灾害主要为冷空气和冷雨湿雪。从各类型低温灾害的致灾因子时空分布特征上看,在气候变暖背景下,近 60 年西乌珠穆沁旗各类低温灾害的致灾因子均呈减小或降低的趋势,但是由于低温事件的极端性并没有减小,低温极端天气气候事件的强度并没有降低,反而在气候变暖以后仍出现了历史最低的低温事件。空间上,受海拔高度的影响,西乌珠穆沁旗低温灾害致灾因子均呈由北向南递减的趋势。低温致灾因子危

险性的空间分布也充分印证了这样的趋势。西乌珠穆沁旗低温风险区划的结果与当地人口和
GDP 的分布一致,因为人口和 GDP 分布较多的地区风险较大。西乌珠穆沁旗低温灾害人口
和 GDP 风险最大的地区均为巴拉嘎尔高勒镇,全旗大部分地区低温风险较低。

第 8 章 雷 电

8.1 数据

8.1.1 气象数据

雷暴日数据来源于西乌珠穆沁旗气象站 1961—2013 年逐日雷暴日观测数据。闪电定位数据来源于 2014—2020 年西乌珠穆沁旗境内的地闪定位数据，包括雷击的时间、经纬度、雷电流幅值等参数。

8.1.2 地理信息数据

数字高程数据来源于中国科学院计算机网络信息中心国际科学数据镜像网站 SRTM 地形数据，分辨率为 90 m；提取出西乌珠穆沁旗海拔高度和地形起伏度数据。

土地利用数据来源于中国科学院资源环境科学数据中心中国 1∶10 万土地利用现状遥感监测数据库的内蒙古地区 1 km 栅格数据；提取出西乌珠穆沁旗土地利用数据。

土壤电导率数据来源于黑河计划数据管理中心、寒区旱区科学数据中心基于世界土壤数据库（HWSD）的土壤数据集(v1.2)，中国境内数据源为第二次全国土地调查中国科学院南京土壤研究所提供的 1∶100 万土壤数据集中内蒙古地区土壤数据；提取出西乌珠穆沁旗土壤电导率数据。

8.1.3 社会经济数据

人口格网数据来源于国务院普查办下发的西乌珠穆沁旗 30″×30″人口网格数据；GDP 格网数据来源于国务院普查办下发的西乌珠穆沁旗 30″×30″GDP 网格数据。

8.1.4 公共资源数据

以西乌珠穆沁旗行政区域为单元调查收集的油库、气库、弹药库、化学品仓库、烟花爆竹、石化等易燃易爆场所数量和雷电易发区内的矿区、旅游景点数据。

8.1.5 雷电灾情数据

雷电灾害数据来源于中国气象局雷电防护办公室编制的《全国雷电灾害汇编》1998—2020 年西乌珠穆沁旗雷电灾情资料(包含人员伤亡和经济损失等相关参数)、内蒙古自治区气象局灾情直报系统的西乌珠穆沁旗 1983—2020 年的灾情资料和《中国气象灾害大典·内蒙古卷》1951—2000 年西乌珠穆沁旗的雷电灾情资料。

8.2 技术路线及方法

以西乌珠穆沁旗为基本调查单元,采取全面调查和重点调查相结合的方式,利用监测站数据汇集整理、档案查阅、现场勘查等多种调查技术手段,开展致灾危险性、承灾体暴露度、历史灾害和减灾资源(能力)等雷电灾害风险要素普查。运用统计分析、空间分析、地图绘制等多种方法,开展雷电灾害致灾危险性评估和综合风险区划(图 8.1)。

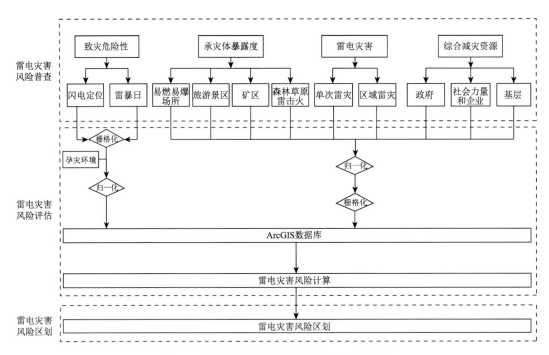

图 8.1 雷电灾害风险评估与区划技术路线图

8.2.1 致灾过程确定

对雷电灾害风险进行分析时剔除雷电流幅值为 0～2 kA 和 200 kA 以上的雷电定位系统资料,仅考虑 2～200 kA 的雷电流分布情况。

8.2.2 致灾因子危险性评估

致灾危险性指数(RH)主要选取雷击点密度(L_d)、地闪强度(L_n)、土壤电导率(S_c)和海拔高度(E_h)、地形起伏度(T_r)5 个评价指标进行评价。将 5 个评价指标按照各自影响程度,采用加权综合评价法按照下面公式计算得到评价因子(RH)。

$$RH = (L_d \times w_d + L_n \times w_n) \times (S_c \times w_s + E_h \times w_e + T_r \times w_t)$$

式中,L_d 为雷击点密度,w_d 为雷击点密度权重;L_n 为地闪强度,w_n 为地闪强度权重;S_c 为土壤电导率,w_s 为土壤电导率权重;E_h 为海拔高度,w_e 为海拔高度权重;T_r 为地形起伏,w_t 为地形起伏权重。

(1)雷击点密度

将行政区域范围划为 3 km×3 km 网格,利用克里金插值法将雷暴日数据插值成 3 km×3 km 的栅格数据,将插值后的雷暴日栅格数据和地闪密度栅格数据加权综合得到雷击点密度。

(2)地闪强度

选取 2014—2020 年地闪定位数据资料,剔除雷电流幅值为 0~2 kA 和 200 kA 以上的地闪定位资料,按照表 8.1 确定的 5 个等级运用百分位数法分别计算出对应的电流强度阈值,对 5 个不同等级雷电流强度赋予不同的权重值,按照下面公式计算得出地闪强度(L_n)的栅格数据。

表 8.1　雷电流幅值等级

等级	1 级	2 级	3 级	4 级	5 级
百分位数区间	(0,20%]	(20%,30%]	(30%,40%]	(40%,80%]	(80%,100%)
权重值	1/15	2/15	3/15	4/15	5/15

$$L_n = \sum_{i=1}^{5} \frac{i}{15} F_i$$

式中,L_n 为地闪强度,i 为雷电流幅值等级,F_i 为 i 级雷电流幅值等级的地闪频次。

(3)土壤电导率

土壤电导率指标是对土壤电导率资料运用 GIS 软件提取重采样形成分辨率为 3 km×3 km 的土壤电导率栅格数据。

(4)海拔高度

海拔高度采用高程表示,直接从 DEM 数字高程数据中提取重采样形成分辨率为 3 km×3 km 的海拔高度栅格数据。

(5)地形起伏度

地形起伏度指标是以海拔高度栅格数据为基础,计算以目标栅格为中心、窗口大小为 8×8 的正方形范围内高程的标准差,得到地形起伏度的栅格数据。

(6)致灾危险性等级划分

按照层次分析法确定各因子的权重系数。根据致灾危险性指数(RH)计算结果,按照自然断点法将危险性指数(RH)划分为 4 级,并绘制致灾危险性等级分布图。

8.2.3　风险评估与区划

雷电灾害风险评估与区划模型由雷电灾害风险指数计算和雷电灾害风险等级划分组成。雷电灾害风险指数由致灾因子危险性、承灾体暴露度和承灾体脆弱性评价因子构成,如图 8.2 所示。

8.2.3.1　承灾体暴露度指数

承灾体暴露度指数(RE)主要选取人口密度(P_d)、GDP 密度(G_d)、易燃易爆场所密度(I_d)和雷电易发区内矿区密度(K_d)、旅游景点密度(T_d)共 5 个评价指标进行评价。将 5 个评价指标按照各自的影响程度,采用加权综合评价法按照下面公式计算得到 RE。

$$RE = P_d \times w_p + G_d \times w_g + I_d \times w_i + K_d \times w_k + T_d \times w_j$$

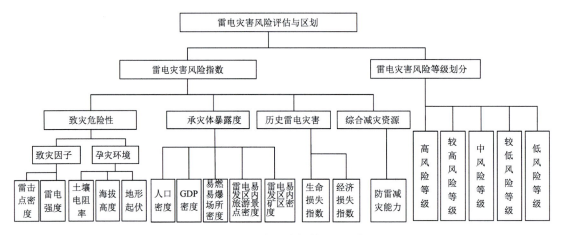

图 8.2　雷电灾害风险评估与区划模型

式中,P_d 为人口密度,w_p 为人口密度权重;G_d 为 GDP 密度,w_g 为 GDP 密度权重;I_d 为易燃易爆场所密度,w_i 为易燃易爆场所密度权重;K_d 为雷电易发区内矿区密度,w_k 为雷电易发区内矿区密度权重;T_d 为旅游景点密度,w_j 为旅游景点密度权重。

(1)人口密度

以人口除以土地面积得到人口密度,提取重采样形成 3 km×3 km 的人口密度栅格数据。

(2)GDP 密度

以 GDP 除以土地面积得到地均 GDP,提取重采样形成 3 km×3 km 的地均 GDP 栅格数据。

(3)易燃易爆场所密度

以辖区内易燃易爆场所的数量除以土地面积得到易燃易爆场所密度,形成 3 km×3 km 的易燃易爆场所密度栅格数据。

(4)矿区密度

以辖区内矿区的数量除以土地面积得到矿区密度,形成 3 km×3 km 的矿区密度栅格数据。

(5)旅游景点密度

以辖区内旅游景点的数量除以土地面积得到旅游景点密度,形成 3 km×3 km 的旅游景点密度栅格数据。

8.2.3.2　承灾体脆弱性指数

承灾体脆弱性指数(RF)主要选取生命损失(C_l)、经济损失(M_1)和防护能力(P_d)共 3 个评价指标进行评价。将 3 个评价指标按照各自影响程度,采用加权综合评价法按照下面公式计算得到 RF。

$$RF = C_l \times w_c \times + M_l \times w_m + (1 - p_c) \times w_p$$

式中,C_l 为生命损失,w_c 为生命损失权重;M_l 为经济损失,w_m 为经济损失权重;P_c 为防护能力,w_p 为防护能力权重。

(1)生命损失

统计单位面积上的年平均雷电灾害次数(单位:次/(km²·a))与单位面积上的雷击造成

人员伤亡数(单位:人/(km²·a)),并进行归一化处理。按照下面公式计算生命损失指数,形成 3 km×3 km 的生命损失指数栅格数据。

$$C_l = 0.5 \times F + 0.5 \times C$$

式中,C_l 为生命损失指数,F 为年平均雷电灾害次数的归一化值,C 为年平均雷击造成人员伤亡数的归一化值。

(2)经济损失

统计单位面积上的年平均雷电灾害次数(单位:次/(km²·a))与雷击造成直接经济损失(单位:万元/(km²·a)),并进行归一化处理。按照下面公式计算经济损失指数,形成 3 km×3 km 的经济损失指数栅格数据。

$$M_l = 0.5 \times F + 0.5 \times M$$

式中,M_l 为经济损失指数,F 为年平均雷电灾害次数的归一化值,M 为年平均雷击造成直接经济损失的归一化值。

(3)防护能力

防护能力(P_c)按照表 8.2 的要求进行赋值。

表 8.2　防护能力指数赋值标准

土地利用类型	建设用地	农用地	未利用地
防护能力指数	1.0	0.6	0.5

当选用政府、企业和基层减灾资源作为因子时,按照下面的公式进行计算:

$$P_C = \frac{1}{n} \sum_{z=1}^{n} (J_z \times w_z)$$

式中,J_z 分别为各类减灾资源密度的归一化指数,w_z 为权重,n 为所选因子的个数。

8.2.3.3　雷电灾害综合风险指数

雷电灾害综合风险指数(LDRI)按照下式进行计算:

$$\text{LDRI} = (\text{RH}^{w_h}) \times (\text{RE}^{w_e} \times \text{RF}^{w_f})$$

式中,RH 为致灾危险性指数,w_h 为致灾危险性权重;RE 为承灾体暴露度,w_e 承灾体暴露度权重;RF 为承灾体脆弱性,w_f 承灾体脆弱性权重。(注:RH、RE 和 RF 在风险计算时底数统一乘以 10。指标权重的计算方法为层次分析法。)

(1)雷电灾害 GDP 损失风险

当雷电灾害综合风险指数公式中承灾体暴露度(RE)取 GDP 密度(G_d)、承灾体脆弱性(RF)取经济损失指数(M_l),并进行归一化处理后计算得到的风险指数值为雷电灾害 GDP 损失风险。

(2)雷电灾害人口损失风险

当雷电灾害综合风险指数公式中承灾体暴露度(RE)取人口密度(P_d)、承灾体脆弱性(RF)取生命损失指数(C_l),并进行归一化处理后计算得到的风险指数值为雷电灾害人口损失风险。

(3)雷电灾害风险等级划分

依据雷电灾害风险指数大小,采用自然断点法将雷电灾害风险划分为 5 级:高风险等级、较高风险等级、中风险等级、较低风险等级、低风险等级。

8.3 致灾因子特征分析

8.3.1 雷暴日

8.3.1.1 年变化

1961—2013 年锡林郭勒盟西乌珠穆沁旗共有 1610 个雷暴日,年平均出现雷暴日数 30.4 d。根据《建筑物电子信息系统防雷技术规范》(GB 50343—2012)的划分标准,西乌珠穆沁旗属于中雷区。西乌珠穆沁旗逐年雷暴日数的变化趋势如图 8.3 所示,1985 年雷暴日数最多,为 47 d;2010 年雷暴日数为 15 d,为最少;二者相差 32 d,说明西乌珠穆沁旗雷暴日数年际相差较大。年雷暴日数高于平均值的有 28 年,占 52.8%,低于平均值的有 25 年,占 47.2%。近 53 年雷暴日数总体呈波动减少趋势,其气候倾向率为 -2.04 d/10a,即每 10 年雷暴日数减少 2.04 d。

20 世纪 60 年代平均雷暴日数为 33.7 d,70 年代平均雷暴日数为 28.9 d,80 年代平均为 36.2 d,90 年代平均为 31.5 d,21 世纪初为 24.4 d。近 53 年西乌珠穆沁旗平均雷暴日数为 30.4 d,可见 20 世纪 60 年代、80—90 年代均高于平均值,20 世纪 70 年代及 21 世纪初低于平均值,其中 21 世纪初平均雷暴日数最少。

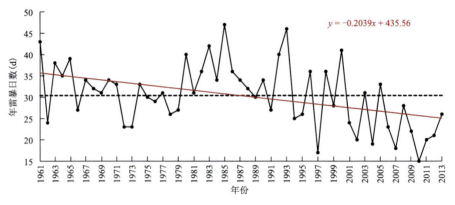

图 8.3　锡林郭勒盟西乌珠穆沁旗 1961—2013 年雷暴日数变化

8.3.1.2 月变化

图 8.4 为锡林郭勒盟西乌珠穆沁旗 1961—2013 年各年月雷暴日数的变化趋势及平均雷暴日数的变化。由图可知,3—7 月雷暴日数逐渐增多,7 月后雷暴日数逐渐减少,各月平均雷暴日数呈单峰型特征。结合表 8.3 可知,峰值出现在 7 月(9.7 d),占雷暴日总数的 31.8%,其次为 6 月(8.1 d)和 8 月(6.7 d),雷暴日数分别占总雷暴日数的 26.5% 和 22.2%,接下来依次为 9 月(2.8 d)和 5 月(2.3 d),分别占总数的 9.2% 和 7.5%,其余月份平均雷暴日数均少于 1 d,其中每年 12 月至次年 2 月无雷暴活动发生。可见一年四季中雷暴主要集中在夏季(6—8 月),春季和秋季有部分雷暴发生,冬季一般无雷暴发生。

表 8.3　锡林郭勒盟西乌珠穆沁旗 1961—2013 年各月平均雷暴日数

月份	1	2	3	4	5	6	7	8	9	10	11	12
平均日数（d）	0	0	0.0	0.4	2.3	8.1	9.7	6.7	2.8	0.4	0.0	0
百分比（%）	0	0	0.1	1.3	7.5	26.5	31.8	22.2	9.2	1.3	0.1	0

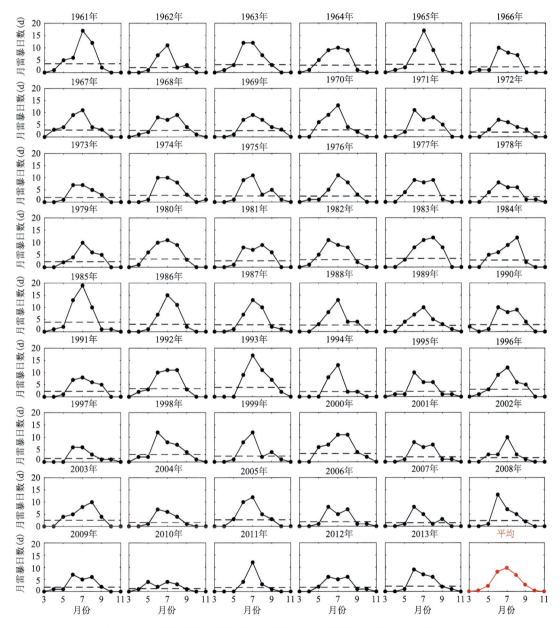

图 8.4　锡林郭勒盟西乌珠穆沁旗 1961—2013 年雷暴日数月变化（3—11 月）
及雷暴日数平均月际变化（右下）

8.3.2 地闪密度

8.3.2.1 地闪频次变化特征

1. 地闪频次年变化特征

由图 8.5 可以看出,西乌珠穆沁旗 2017 年观测到的地闪次数最多,为 4596 次,其中正地闪 1140 次,负地闪 3456 次,负地闪占总地闪的比例约为 75.2%;2014 年观测到的地闪次数最少,为 1684 次,其中正地闪 499 次,负地闪 1185 次,负地闪占总地闪的比例约为 70.4%。

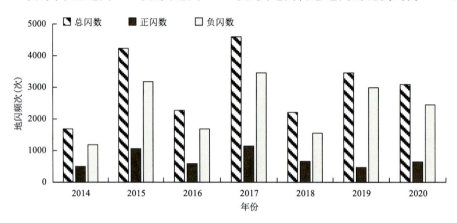

图 8.5 西乌珠穆沁旗 2014—2020 年地闪频次年分布

2. 地闪频次月变化特征

由西乌珠穆沁旗 2014—2020 年地闪频次月分布(图 8.6)可以看出,西乌珠穆沁旗的地闪活动主要发生在 6—9 月,约占全年地闪总次数的 95.2%,其中 7 月地闪频次最高,约占全年地闪总次数的 34.0%。

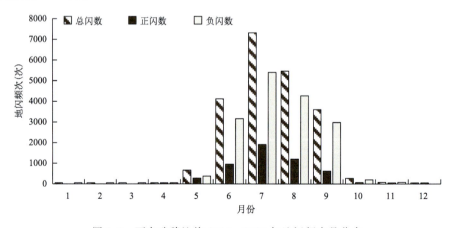

图 8.6 西乌珠穆沁旗 2014—2020 年地闪频次月分布

3. 地闪频次日变化特征

由西乌珠穆沁旗 2014—2020 年地闪频次日分布(图 8.7)可以看出,西乌珠穆沁旗的闪电活动表现出"单峰单谷"的特征,闪电活动主要集中在 14 时至 19 时,这期间的地闪频次占全天的 45.3%。

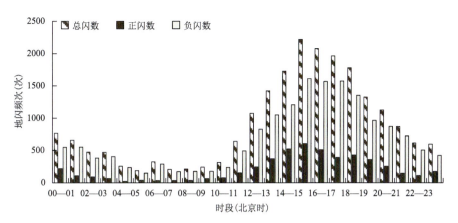

图 8.7 西乌珠穆沁旗 2014—2020 年地闪频次日分布

8.3.2.2 地闪密度空间分布特征

从西乌珠穆沁旗地闪密度分布(图 8.8)可以看出,闪电活动主要分布在吉仁高勒镇的北部和中东部、巴彦胡舒苏木的南部、巴拉嘎尔高勒镇的中部、乌兰哈拉嘎苏木的北部和南部、高日罕镇的西北部以及巴彦花镇的中部;2014—2020 年西乌珠穆沁旗年平均地闪密度最大值为 0.48 次/(km²·a),位于巴拉嘎尔高勒镇的中部地区。

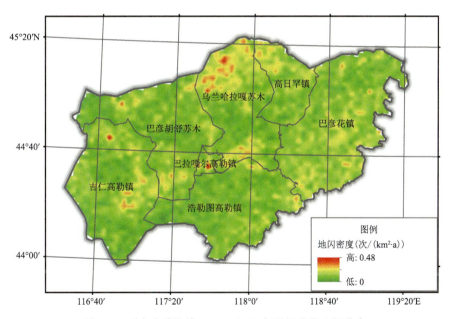

图 8.8 西乌珠穆沁旗 2014—2020 年地闪密度空间分布

8.3.3 地闪强度

8.3.3.1 地闪强度幅值变化特征

从西乌珠穆沁旗的正、负地闪电流强度累计概率分布(图 8.9、图 8.10)可以看出,负地闪主要集中在 15~30 kA,该等级范围占负地闪总数的 39.6%;正地闪主要集中在 40~55 kA,该等级范围占正地闪总数的 23.8%,不同强度区间的差别并不显著。

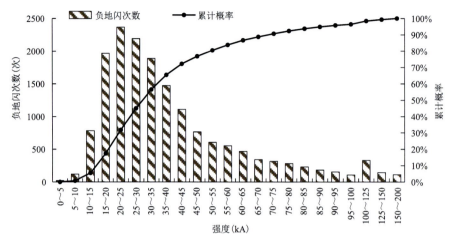

图 8.9 西乌珠穆沁旗 2014—2020 年负地闪电流强度次数及累计概率分布

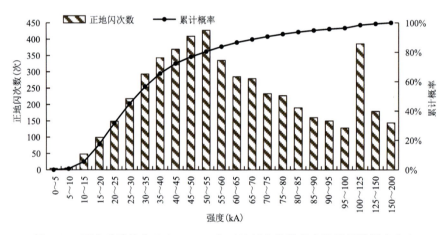

图 8.10 西乌珠穆沁旗 2014—2020 年正地闪电流强度次数及累计概率分布

8.3.3.2 地闪强度空间分布特征

从西乌珠穆沁旗地闪强度分布(图 8.11)可以看出,地闪强度高的区域和地闪密度大的区域大致相同,地闪强度高的区域主要集中在吉仁高勒镇的北部和中东部、巴拉嘎尔高勒镇的中部、乌兰哈拉嘎苏木的北部以及巴彦花镇的中部和东部。

8.4 典型过程分析

8.4.1 2015 年 7 月 9 日雷电活动情况

根据西乌珠穆沁旗雷电定位监测数据(表 8.4)分析,2015 年 7 月 9 日 00 时—7 月 10 日 00 时全旗共发生地闪 369 次。其中正地闪 225 次,负地闪 144 次,负地闪占比为 39.02%。正地闪强度最大值为 170.90 kA,于 18 时 58 分出现在巴彦花镇;负地闪强度最大值为 86.60 kA,

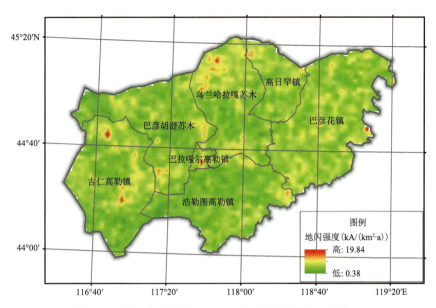

图 8.11　西乌珠穆沁旗 2014—2020 年地闪强度空间分布

表 8.4　西乌珠穆沁旗 2015 年 7 月 9 日雷电监测数据

地名	总闪数	正闪数	负闪数	正闪强度平均值(kA)	负闪强度平均值(kA)	正闪强度最大值(kA)	负闪强度最大值(kA)
西乌珠穆沁旗	369	225	144	57.66	34.18	170.90	86.60

于 20 时 49 分 04 秒出现在巴彦花镇。

2015 年 7 月 9 日西乌珠穆沁旗地闪主要发生在巴彦胡舒苏木东部、乌兰哈拉嘎苏木中部、高日罕镇西北部和巴彦花镇北部和中部,其他地区也有零星雷电发生(图 8.12)。

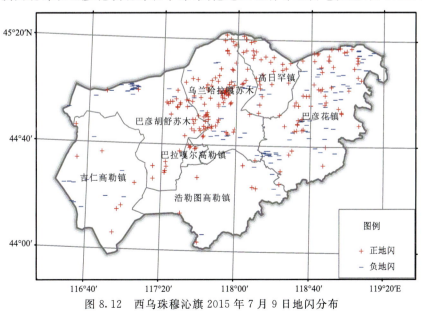

图 8.12　西乌珠穆沁旗 2015 年 7 月 9 日地闪分布

8.4.2 2017 年 7 月 13 日雷电活动情况

根据西乌珠穆沁旗雷电定位监测数据(表 8.5)分析,2017 年 7 月 13 日 00 时—7 月 14 日 00 时全旗共发生地闪 370 次。其中正地闪 138 次,负地闪 232 次,负地闪占比为 62.70%。正地闪强度最大值为 187.80 kA,于 15 时 30 分 12 秒出现在巴彦胡舒苏木;负地闪强度最大值为 125.10 kA,于 13 日 00 时 39 分 37 秒出现在吉仁高勒镇。

表 8.5 西乌珠穆沁旗 2017 年 7 月 13 日雷电监测数据

总闪数	正闪数	负闪数	正闪强度平均值 (kA)	负闪强度平均值 (kA)	正闪强度最大值 (kA)	负闪强度最大值 (kA)
370	138	232	61.59	37.55	187.80	125.10

2017 年 7 月 13 日西乌珠穆沁旗地闪主要发生在吉仁高勒镇北部和中部、巴彦胡舒苏木西北部、浩勒图高勒镇南部和巴彦花镇西南部,其他地区也有零星雷电发生(图 8.13)。

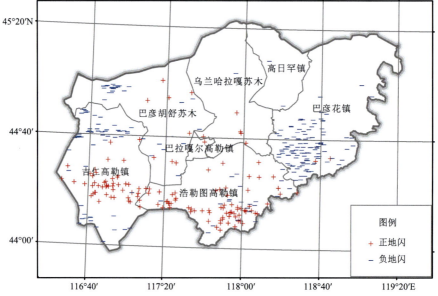

图 8.13 西乌珠穆沁旗 2017 年 7 月 13 日地闪分布

8.5 致灾危险性评估

8.5.1 孕灾环境特征分析

8.5.1.1 土壤电导率

由西乌珠穆沁旗土壤电导率分布(图 8.14)可以看出,土壤电导率高值区主要分布在吉仁高勒镇的中北部、巴彦胡舒苏木中东部、乌兰哈拉嘎苏木的东北部以及巴彦花镇的东北部和南部地区。经统计得出,西乌珠穆沁旗土壤电导率在 0.4~0.7 mS/cm 的土地面积占总面积的

16.28%,在 0.7~1.0 mS/cm 的占总面积的 6.98%,即该旗土地导电率较高(电导率>0.4 mS/cm)的面积约占总面积的 23.26%。

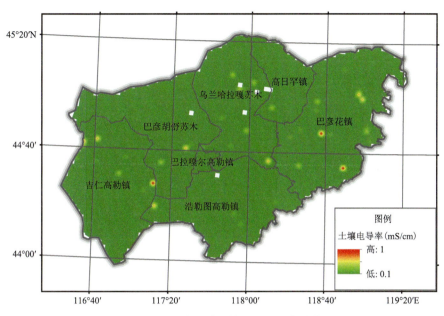

图 8.14　西乌珠穆沁旗土壤电导率分布

8.5.1.2　海拔高度

　　西乌珠穆沁旗地处大兴安岭北麓,由其海拔高度分布(图 1.1)可以看出,西乌珠穆沁旗的海拔高度均在 835 m 以上,且从西北向东南递增,总体呈现西北低、东南高的地势。海拔最高的区域位于浩勒图高勒镇东部和南部、巴彦花镇东南部以及两镇的交界地带,该区域海拔高度在 1300 m 以上,最高处接近 2000 m,据统计分析,这部分的土地面积占总面积的 15.33%。

8.5.1.3　地形起伏

　　由西乌珠穆沁旗地形起伏分布(图 8.15)可以看出,地形起伏的分布与该地区海拔高度的分布较为相似,呈现东南部地区地形起伏大、西北地形起伏小的态势。地形起伏最大的区域位于西乌珠穆沁旗东部,即浩勒图高勒镇东北部和东南部以及巴彦花镇的东南部,结合海拔高度可知,该区域多山地且地势高度差较大,经统计地形起伏在 69 m 以上的土地面积占总面积的 9.54%。而西乌珠穆沁旗西部及中北部地区主要是丘陵和波状高平原,地形起伏较小,这部分土地占总面积的 68.11%。

　　雷电灾害孕灾环境敏感性主要考虑海拔高度和地形起伏以及土壤电导率,将地形影响指数、海拔高度和土壤电导率经归一化处理后,代入孕灾环境敏感性指数计算模型中,得到西乌珠穆沁旗的雷电灾害孕灾环境敏感性指数的空间分布结果,将其分为五级:高敏感区、次高敏感区、中敏感区、次低敏感区和低敏感区,并基于 GIS 软件绘制出西乌珠穆沁旗的雷电灾害孕灾环境敏感性区划图(图 8.16)。

　　由图 8.16 可以看出,西乌珠穆沁旗雷电孕灾环境敏感性高的地区主要位于巴彦花镇的西南部以及浩勒图高勒镇的东部和南部,这是由于西乌珠穆沁旗地处大兴安岭北麓、蒙古地槽东南,地势由东南向西北倾斜,中北部地区主要是丘陵和波状高平原,东部地区多为山地。

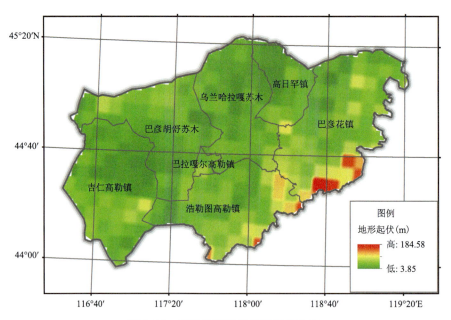

图 8.15　西乌珠穆沁旗地形起伏分布

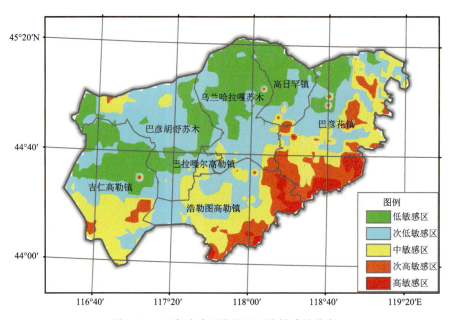

图 8.16　西乌珠穆沁旗孕灾环境敏感性分布

8.5.2　致灾危险性评估

　　雷电灾害致灾危险性是雷击点密度、地闪强度、土壤电导率、海拔高度和地形起伏5个指标综合作用的结果,考虑到各指标对致灾危险性所起作用不同,采用层次分析法对5个指标赋予不同的权重,再根据雷电灾害致灾危险性指数模型进行计算,将致灾危险性指数按照自然断

点法分为 4 个等级（低危险区、较低危险区、较高危险区、高危险区），并绘制雷电灾害致灾危险
性评价图（表 8.6，图 8.17）。

表 8.6　西乌珠穆沁旗雷电灾害致灾危险性等级

危险性等级	含义	指标
4	低危险性	0.519～0.581
3	较低危险性	0.581～0.618
2	较高危险性	0.618～0.664
1	高危险性	0.664～0.837

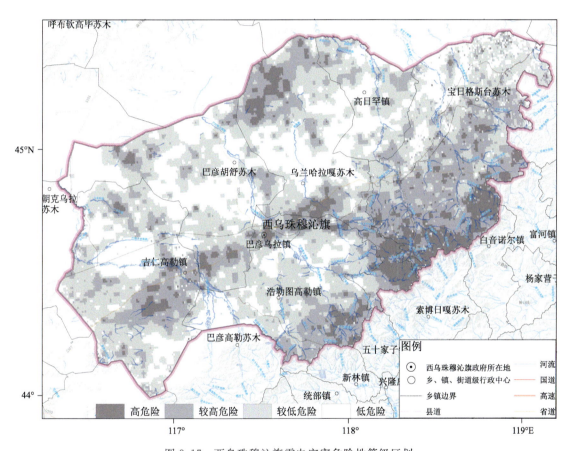

图 8.17　西乌珠穆沁旗雷电灾害危险性等级区划

从西乌珠穆沁旗致灾危险性评价（图 8.17）可以看出，雷电灾害较高危险区和高危险区主
要分布在吉仁高勒镇北部和中东部、巴彦胡舒苏木西北部和南部、巴彦乌拉镇中部、乌兰哈拉
嘎苏木北部、宝日格斯台苏木的南部以及浩勒图高勒镇的东部和南部。

8.6 灾害风险评估与区划

8.6.1 承灾体暴露度评估

8.6.1.1 人口密度

从西乌珠穆沁旗人口密度的分布(图1.2)中可以看出,西乌珠穆沁旗总体上来说地广人稀,人口主要分布在吉仁高勒镇的中部和南部、巴彦胡舒苏木中东部、巴拉嘎尔高勒镇中部、乌兰哈拉嘎苏木北部、巴彦花镇的东北部以及浩勒图高勒镇的西北部。其中人口密度最高的区域是巴拉嘎尔高勒镇中部地区。

8.6.1.2 GDP密度

从西乌珠穆沁旗GDP密度的分布(图1.3)中可以看出,西乌珠穆沁旗GDP的高值区主要分布在巴拉嘎尔高勒镇中部、巴彦花镇西部、乌兰哈拉嘎苏木东北部以及浩勒图高勒镇西北部地区,其中巴拉嘎尔高勒镇中部GDP值最高。

8.6.1.3 易燃易爆场所密度

西乌珠穆沁旗的易燃易爆场所密度最大的地方位于巴拉嘎尔高勒镇中部,达4～6个/km²。此外,在巴彦花镇的中西部地区也分布着易燃易爆场所,密度为1～3个/km²,其余的镇(苏木)均有零星分布,密度较低(图8.18)。

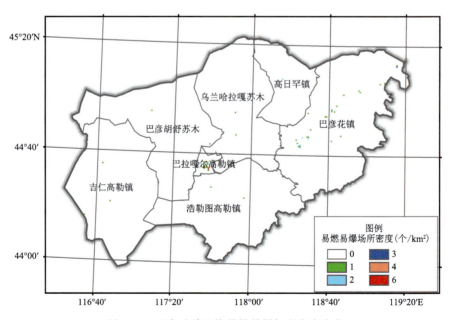

图8.18 西乌珠穆沁旗易燃易爆场所密度分布

8.6.1.4 雷电易发区内旅游景点密度和矿区密度

西乌珠穆沁旗雷电易发区内旅游景点分别位于吉仁高勒镇东南部、巴拉嘎尔高勒镇北部、巴彦花镇中西部以及浩勒图高勒镇西北部,分布较为稀疏,密度均为1个/km²(图8.19)。矿区同样分布较为稀疏,主要分布于巴彦花镇中西部和北部地区,且在吉仁高勒镇、巴彦胡舒苏木、乌兰哈拉嘎苏木和浩勒图高勒镇有零星分布(图 8.20)。

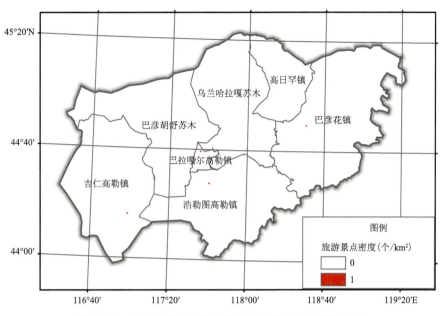

图 8.19 西乌珠穆沁旗雷电易发区内旅游景点密度分布

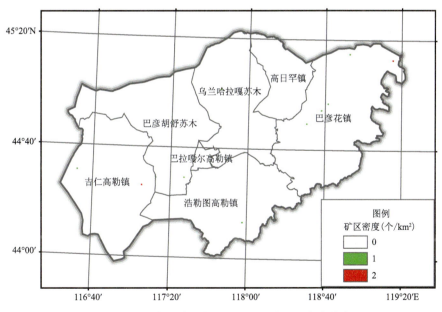

图 8.20 西乌珠穆沁旗雷电易发区内矿区密度分布

8.6.1.5 承灾体暴露度评估

雷电灾害承灾体暴露度是人口密度、GDP 密度、易燃易爆场所密度和雷电易发区内矿区、旅游景点密度 5 个指标综合作用的结果。考虑到各指标对承灾体暴露度所起作用不同,采用层次分析法对 5 个指标赋予不同的权重,根据承灾体暴露度计算公式进行计算。采用自然断点法将承灾体暴露度分为 5 个等级(低暴露度、较低暴露度、一般暴露度、高暴露度、极高暴露度),并绘制得到西乌珠穆沁旗承灾体暴露度图(图 8.21)。

由图 8.21 可以看到,西乌珠穆沁旗大部分地区属于低暴露地区,高暴露度地区主要位于吉仁高勒镇东部、巴拉嘎尔高勒镇中部和巴彦花镇西部等地区,其中巴拉嘎尔高勒镇中部还存在极高暴露度区域。

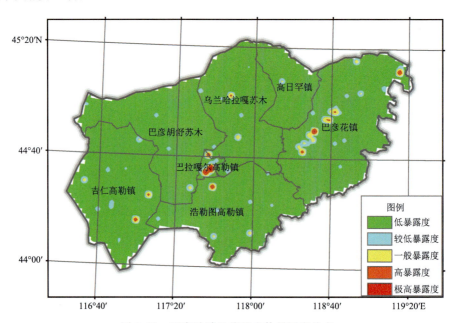

图 8.21 西乌珠穆沁旗承灾体暴露度分布

8.6.2 承灾体脆弱性评估

8.6.2.1 雷电灾害特征

据不完全统计,西乌珠穆沁旗在 1971 年、1996 年各发生雷电灾害 1 次,其中人员伤亡事故 1 起,导致财产损失 1 起。6—8 月为雷电灾害的发生期,6 月、7 月各发生雷电灾害 1 次。

由图 8.22 可以看出,西乌珠穆沁旗的雷电灾害发生于巴拉嘎尔高勒镇中部和巴彦花镇中西部地区,平均每年每平方千米范围内发生雷电灾害 0.5 次。

8.6.2.2 生命损失和经济损失

雷电灾害的发生会带来人员的伤亡以及经济损失。据统计,雷电灾害导致西乌珠穆沁旗巴拉嘎尔高勒镇平均每年每平方千米范围内有 1 人伤亡,此外,雷灾还造成巴彦花镇西部平均每年 0.3 万元的经济损失(图 8.23、图 8.24)。

8.6.2.3 雷电防护能力

由西乌珠穆沁旗的雷电防护能力指数(图 8.25)可以看到,雷电防护能力较弱的区域主要位于西乌珠穆沁旗的中部、北部及东北部地区,主要土地利用类型为荒草地、盐碱地等未利用地。雷电防护能力较强的区域主要分布在西乌珠穆沁旗的中西部地势较为平坦的区域,主要

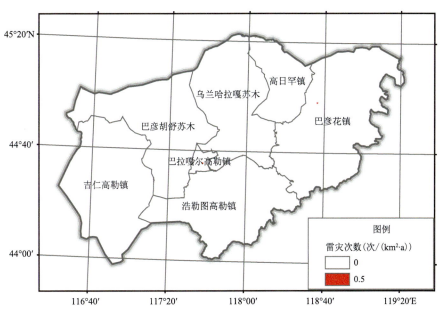

图 8.22 西乌珠穆沁旗雷电灾害次数分布

图 8.23 西乌珠穆沁旗雷电灾害人员伤亡分布

是一些建筑用地。

8.6.2.4 承灾体脆弱性评估

雷电灾害承灾体脆弱性是生命损失指数、经济损失指数和防护能力指数 3 个指标综合作用的结果。考虑到各指标对承灾体脆弱性所起作用不同,采用层次分析法对 3 个指标赋予不同的权重,根据承灾体脆弱性计算公式进行计算。使用自然断点法将承灾体脆弱性分为 4 个

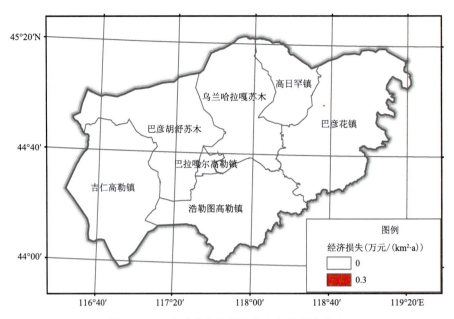

图 8.24　西乌珠穆沁旗雷电灾害经济损失分布

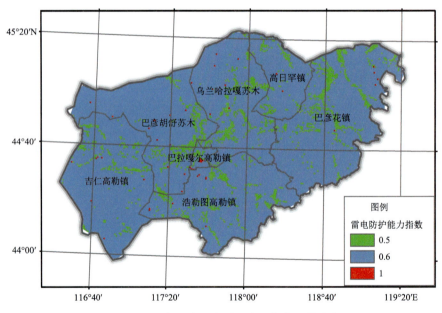

图 8.25　西乌珠穆沁旗雷电防护能力指数分布

等级(较低脆弱性、一般脆弱性、高脆弱性、极高脆弱性),绘制得到西乌珠穆沁旗承灾体脆弱性图(图 8.26)。

　　由图可知,西乌珠穆沁旗大部分地区属于较低脆弱性地区,高脆弱性地区主要位于西乌珠穆沁旗的中部及东北部地区,即巴彦花镇中西部、巴彦胡舒苏木东南部以及巴拉嘎尔高勒镇区域。

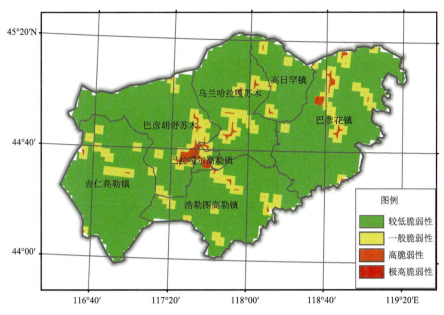

图 8.26　西乌珠穆沁旗承灾体脆弱性分布

8.6.3　雷电灾害风险区划

8.6.3.1　雷电灾害 GDP 损失风险

雷电灾害 GDP 损失指数是分别将年平均雷电灾害次数和年平均雷击造成的直接经济损失进行归一化处理,并代入相关公式计算得到的。使用自然断点法将雷电灾害 GDP 损失指数分为 5 个等级(低风险区、较低风险区、中风险区、较高风险区、高风险区,见表 8.7),绘制得到雷电灾害 GDP 损失风险图(图 8.27)。

从图 8.27 可以看到,雷电灾害 GDP 损失的高风险区主要位于西乌珠穆沁旗的中部、北部和东南部地区,说明该区域由雷灾造成经济损失的风险较高,应多加防范。

表 8.7　西乌珠穆沁旗雷电灾害 GDP 风险等级

风险等级	含义	指标
5	低风险	5.076~5.293
4	较低风险	5.293~5.425
3	中风险	5.425~5.582
2	较高风险	5.582~6.149
1	高风险	6.149~8.151

8.6.3.2　雷电灾害人口伤亡风险

雷电灾害生命损失指数是分别将年平均雷电灾害次数和年平均雷击造成的人员伤亡数进行归一化处理,并代入相关公式计算得到的。依据生命损失指数大小,采用自然断点法将其分为 5 个等级(低风险区、较低风险区、中风险区、较高风险区、高风险区,见表 8.8),绘制得到雷电灾害人口伤亡风险图(图 8.28)。

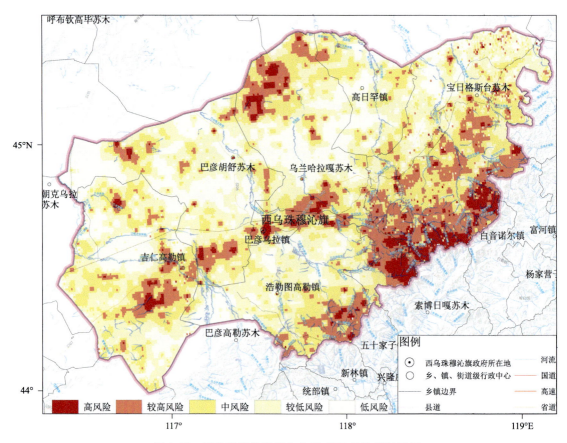

图 8.27　西乌珠穆沁旗雷电灾害 GDP 风险等级区划

结合图 8.28 可以看出,雷电灾害人口伤亡风险区的分布与 GDP 损失风险区的分布情况相似,即高风险区主要位于西乌珠穆沁旗的中部、北部和东南部地区。应着重为当地居民普及雷电防护知识,保护生命财产安全。

表 8.8　西乌珠穆沁旗雷电灾害人口风险等级

风险等级	含义	指标
5	低风险	5.075～5.270
4	较低风险	5.270～5.400
3	中风险	5.400～5.562
2	较高风险	5.562～6.179
1	高风险	6.179～9.213

8.7　小结

西乌珠穆沁旗 1961—2013 年平均雷暴日数为 30.4 d,近 53 a 雷暴日数总体呈波动减少趋势;2014—2020 年闪电活动主要发生在 6—9 月,在 14 时至 19 时闪电频次达到一天中的高

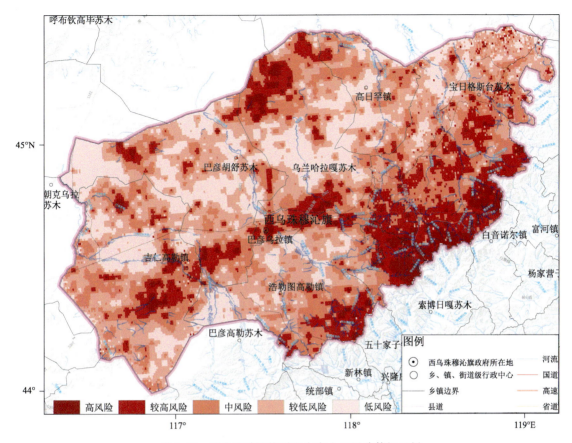

图 8.28　西乌珠穆沁旗雷电灾害人口风险等级区划

峰;年平均地闪密度最大值为 0.48 次/$(km^2 \cdot a)$,位于巴拉嘎尔高勒镇的中部地区。西乌珠穆沁旗雷电灾害人口伤亡和 GDP 损失风险区划空间分布特征基本一致,高风险区主要分布在西乌珠穆沁旗的中部、北部和东南部地区,这与该地区雷电活动频发、人口密度大、雷灾发生较多有关,应着重为当地居民普及雷电防护知识,保护生命财产安全。

第9章 雪 灾

9.1 数据

9.1.1 气象数据

内蒙古自治区气象局气象信息中心提供的内蒙古区域内 119 个国家级气象站与雪灾相关的基础气象日数据。

数据时长:收集数据时长为 1961—2020 年,评估时采用数据时长为 1978—2020 年。

数据包含的要素:积雪深度、雪压、日最高气温、日最低气温、日平均气温、最小能见度、最大风速、天气现象。

9.1.2 地理信息数据

全国自然灾害综合风险普查办下发的行政区划界线。

9.1.3 社会经济数据

人口格网数据来源于国务院普查办下发的 $30'' \times 30''$ 人口网格数据;GDP 格网数据来源于国务院普查办下发的 $30'' \times 30''$ GDP 网格数据。

9.1.4 遥感数据

(1)欧空局积雪概率数据(Land Cover CCI PRODUCT-snow condition),2000—2012 年平均每 7 d 的积雪概率,空间分辨率为 1 km。

(2)中国雪深长时间序列集

中国雪深长时间序列数据集提供 1978 年 10 月 24 日到 2020 年 12 月 31 日逐日的中国范围的积雪厚度分布数据。每个压缩文件中包含一年逐日的雪深文件,空间分辨率为 25 km。用于反演该雪深数据集的原始数据来自美国国家雪冰数据中心(NSIDC)处理的 SMMR SMMR1(1978—1987 年)、SSM/I2 (1987—2007 年)和 SSMI/S3(2008—2014 年)逐日被动微波亮温数据。

(3)中国 1980—2020 年雪水当量 25 km 分辨率逐日产品

针对中国积雪分布区,基于混合像元雪水当量反演算法,利用星载被动微波遥感亮温数据制备了 1980—2020 年空间分辨率为 25 km 的逐日雪水当量/雪深数据集。该数据集以 HDF5 文件格式存储,每个 HDF5 文件包含 5 个数据要素(雪深(cm)、雪水当量(mm)、经纬度、质量标识符等)。

9.1.5 草地分布位置数据

草地分布位置数据为内蒙古自治区气象局生态与农业气象中心依据 2009 年第二次全国土地调查数据提取。

9.2 技术路线及方法

西乌珠穆沁旗雪灾风险评估与区划技术路线和方法见图 9.1。

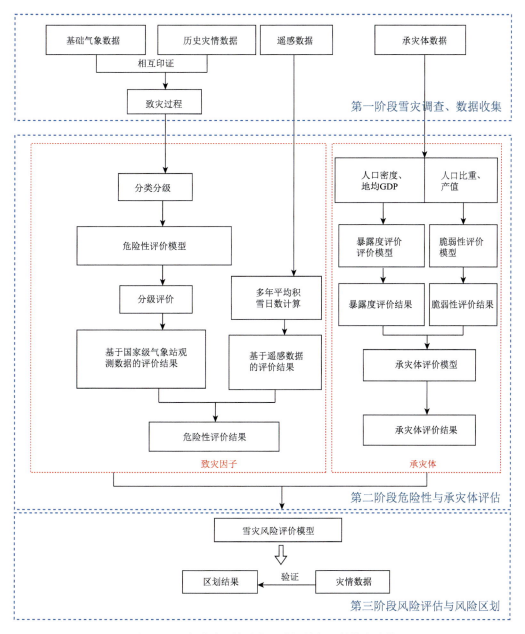

图 9.1 西乌珠穆沁旗雪灾风险评估与区划技术路线

9.2.1 致灾过程确定

据内蒙古雪灾历史灾情,内蒙古雪灾主要分三种:一是对牧区生产影响较大的雪灾,即白灾,冬季牧区如果降雪量过大、积雪过厚、且积雪时间较长,牧草会被大雪掩埋,加之低温影响,牲畜食草困难,可能会冻饿而死。二是对设施农业、道路交通、电力设施影响较大的雪灾,即发生强降雪并形成积雪时,可能致使蔬菜大棚、房屋等被压垮;或导致电力线路挂雪、倒杆,直至电力中断;或导致公路、铁路等交通阻断。三是地面形成积雪,方向难辨,加之降雪时能见度极差,造成人员或牲畜走失,或者造成交通事故。

综上所述,根据内蒙古雪灾致灾过程对承灾体的影响可将其分为 3 类:连续积雪日数≥7 d 时,确定为对牧区生产可能产生较大影响的致灾过程(类型 1(白灾));3 d≤连续积雪日数<7 d 且降雪量≥10 mm 时,确定为对设施农业、电力、交通可能产生较大影响的致灾过程(类型 2);1 d≤连续积雪日数<3 d 且能见度<1000 m 时,确定为对交通可能影响较大、可能造成人员和牲畜走失的致灾过程(类型 3)(表 9.1)。

表 9.1 内蒙古雪灾致灾过程分类及阈值确定

	连续积雪日数(d)	过程最大累计降雪量(mm)	过程最小能见度(m)
类型 1(白灾,对牧区生产影响较大)	≥7		
类型 2(对设施农业、交通和电力设施影响较大)	3～7	≥10	
类型 3(对交通影响较大,可能造成牲畜和人员走失,或者造成交通事故)	1～3		<1000

根据表 9.1 中的阈值,结合相关气象数据,筛选内蒙古雪灾致灾过程,统计内蒙古的雪灾致灾过程信息,包括开始/结束时间、累计降雪量、最大积雪深度、积雪日数、降雪日数、最低气温、最大风速等。所筛选的致灾过程将下发到盟(市)、旗(县、区)气象部门,由盟(市)、旗(县、区)气象部门结合所调查的历史灾情进行审核、补充、完善,形成最终的内蒙古雪灾致灾过程数据集。在审核筛选的雪灾致灾过程中,结合中国雪深长时间序列集和中国 1980—2020 年雪水当量 25 km 分辨率逐日产品进行审核。

9.2.2 致灾因子危险性评估

9.2.2.1 基于国家级气象站观测数据的雪灾危险性指数

致灾因子危险性指致灾因子的危险程度,本次评估考虑从强度和频率两方面来考虑评估这种危险程度,所建立的致灾因子危险性评估模型如下:

$$D = \sum_{i=1}^{n} (F_i \times Q_i)$$

式中,D 代表雪灾致灾因子危险性指数,对雪灾致灾过程进行分级,假设分为 n 级,则第 i 级致灾过程强度值为 Q_i,其出现频率为 F_i。Q_i 的计算公式为:

$$Q_i = i \Big/ \sum_{i=1}^{n} i$$

内蒙古雪灾致灾过程分为 3 种类型,每种类型致灾过程强度分级,如表 9.2—表 9.4 所示。

表 9.2 类型 1 致灾过程强度等级划分

积雪日数(d)	≤30	30～60	60～90	90～120	D＞120
等级	5 级	4 级	3 级	2 级	1 级
致灾过程强度值	1/15	2/15	3/15	4/15	5/15

表 9.3 类型 2 致灾过程强度等级划分

降雪量(mm)	10～15	15～20	20～25	＞25
等级	4 级	3 级	2 级	1 级
致灾过程强度值	1/10	2/10	3/10	4/10

表 9.4 类型 3 致灾过程强度等级划分

降雪量	≤3	3～5	5～10
等级	3 级	2 级	1 级
致灾过程强度值	3/6	2/6	1/6

3 种类型的危险性评估指数和综合性评估指数分别如下:

$$D_1 = F_{11} \times Q_{11} + F_{12} \times Q_{12} + F_{13} \times Q_{13} + F_{14} \times Q_{14} + F_{15} \times Q_{15}$$

$$D_2 = F_{21} \times Q_{21} + F_{22} \times Q_{22} + F_{23} \times Q_{23} + F_{24} \times Q_{24}$$

$$D_3 = F_{31} \times Q_{31} + F_{32} \times Q_{32} + F_{33} \times Q_{33}$$

$$D_s = W_1 \times D_1 + W_2 \times D_2 + W_3 \times D_3$$

式中,D_s 为基于国家级气象站观测数据的雪灾致灾因子危险性指数,D_1、D_2、D_3 分别为类型 1、类型 2、类型 3 的危险性指数,W_1、W_2、W_3 为 3 种类型致灾过程出现频率。$F_{11} \sim F_{33}$ 为不同类型致灾过程各等级出现频率;$Q_{11} \sim Q_{33}$ 为不同类型致灾过程各等级强度值,从 5 级至 1 级逐渐增大。

9.2.2.2 结合遥感数据的雪灾危险性指数

盟(市)、旗(县、区)观测站相对较少,大部分旗(县、区)只有 1 个国家级气象站,如果只依靠国家级气象站观测数据开展雪灾致灾因子危险性评估,即使评估结果可靠,也无法进行本区域危险性区划,因此需结合与积雪有关的遥感数据建立评估模型。以往研究显示:积雪的初日越早,终日越迟的地区,即积雪期越长的地区,发生雪灾的概率越高。因此,考虑在雪灾危险性评价模型中加入积雪概率这一指标。将以气象站为基础计算出的雪灾危险性指数与积雪概率进行归一化加权,以熵值法确定各自的权重,形成综合的致灾因子危险性指数,公式如下:

$$D_c = W_s \times D_s + W_r \times D_r$$

式中,D_c 为结合遥感数据的雪灾致灾危险性指数,D_s 为基于国家级气象站观测数据的雪灾危险性指数,D_r 为基于遥感数据的雪灾危险性指数,W_s、W_r 分别为 D_s、D_r 的权重。采用欧空局积雪概率数据(栅格数据,空间分辨率为 1 km),计算得到内蒙古年平均积雪日数的空间分布,将其进行 0～1 的归一化处理,即得到基于遥感数据的雪灾致灾因子危险性指数。

9.2.2.3 归一化方法

为使不同类型的数据具有可比性,在代入模型计算以前均采用归一化方法对数据进行了处理。

归一化计算采用公式:

$$D_{ij} = 0.5 + 0.5 \times \frac{A_{ij} - \min_i}{\max_i - \min_i}$$

式中,D_{ij} 是 j 区第 i 个指标的规范化值,A_{ij} 是 j 区第 i 个指标值,$\min_i$ 和 $\max_i$ 分别是第 i 个指标值中的最小值和最大值。

9.2.2.4 信息熵值赋权重

设评价体系是由 m 个指标 n 个对象构成的系统,首先计算第 i 项指标下第 j 个对象的指标值 r_{ij} 所占指标比重 P_{ij}:

各指标因子完成归一化处理后,根据信息熵值赋权法确定各指标对应的权重系数,各因子权重总和应为 1。信息熵表示系统的有序程度,在多指标综合评价中,熵权法可以客观地反映各评价指标的权重。一个系统的有序程度越高,则熵值越大,权重越小;反之,一个系统的无序程度越高,则熵值越小,权重越大。即对于一个评价指标,指标值之间的差距越大,则该指标在综合评价中所起的作用越大;如果某项指标的指标值全部相等,则该指标在综合评价中不起作用。信息熵值赋权法计算步骤如下:

$$P_{ij} = \frac{r_{ij}}{\sum\limits_{j=1}^{n} r_{ij}} \qquad i = 1,2,\cdots,m; j = 1,2,\cdots,n$$

由熵权法计算第 i 个指标的熵值 S_i:

$$S_i = -\frac{1}{\ln n} \sum_{j=1}^{n} P_{ij} \ln P_{ij} \qquad i = 1,2,\cdots,m; j = 1,2,\cdots,n$$

计算第 i 个指标的熵权,确定该指标的客观权重 w_i:

$$w_i = \frac{1 - S_i}{\sum\limits_{i=1}^{m} (1 - S_i)} \qquad i = 1,2,\cdots,m$$

根据危险性指标值分布特征,综合考虑地形地貌、区域气候特征、流域等,可使用自然断点法或标准差等方法(表 9.5),将危险性分为 4 个等级。

表 9.5　雪灾致灾危险性等级划分标准[*]

危险性等级	指标
1	$\geqslant ave + \sigma$
2	$[ave + 0.5\sigma, ave + \sigma)$
3	$[ave - 0.5\sigma, ave + 0.5\sigma)$
4	$< ave - 0.5\sigma$

注:ave、σ 分别为所有统计单元内危险性为非 0 值集合的平均值和标准差。

9.2.3 风险评估与区划

9.2.3.1 雪灾承灾体评估

承灾体主要包括人口、国民经济、农业(小麦、玉米、水稻),统计区域为全国时,上述承灾体可考虑全部开展评估,统计区域为省级及以下时,人口和国民经济为必做项,其他为选做项。评估内容包括承灾体暴露度和脆弱性,有关内容可视全国气象灾害综合风险普查办和国务院普查办提供的信息作调整(表 9.6)。

表 9.6 承灾体暴露度和脆弱性因子

承灾体	暴露度因子	脆弱性因子	脆弱性因子权重
人口	人口密度	0~14 岁及 65 岁以上人口数比重	人口受灾率
国民经济	地均 GDP	第一产业产值比重	直接经济损失率
草地	草地分布位置		

统计脆弱性因子指标时,在雪灾灾情等资料较为完善,可获取的前提下可考虑脆弱性因子权重;如灾情数据无法获取,则建议只考虑承灾体暴露度。

针对不同承灾体,不同地级市分别拥有一个脆弱性因子权重,以地级市为单元统计受灾率。

人口受灾率:年受灾人数/行政区人口数

农作物受灾率:年受灾面积/行政区面积

最终,针对不同承灾体,统计单元内的承灾体指标(B)计算公式为:

$$B = E \times (V \times W)$$

式中,E 为暴露度,V 为脆弱性,W 为脆弱性权重。

9.2.3.2 雪灾风险评估与区划

根据统计单元内致灾因子危险性指标(H)、承灾体指标(B),统计针对各承灾体的危险性指标(R),雪灾风险评估模型如下:

$$R = H \times B$$

针对不同承灾体,根据风险指标值分布特征可使用标准差等方法,将雪灾风险分为高、较高、中、较低、低五个等级,如表 9.7 所示。

表 9.7 雪灾风险等级划分标准*

风险等级	含义	指标
1	高风险	$\geqslant ave+\sigma$
2	较高风险	$[ave+0.5\sigma, ave+\sigma)$
3	中风险	$[ave-0.5\sigma, ave+0.5\sigma)$
4	较低风险	$[ave-\sigma, ave-0.5\sigma)$
5	低风险	$< ave-\sigma$

注:ave、σ 分别为所有统计单元内危险性为非 0 值集合的平均值和标准差。

9.3 致灾因子特征分析

西乌珠穆沁旗常年平均降雪日数为 40.9 d,最多为 57 d(2010 年),标准差为 7.8 d,极差达 32 d;平均降雪量为 47.2 mm,最多为 117.8 mm(2015 年),标准差为 21.8 mm,极差达103.2 mm;平均积雪日数为 109.7 d,最多为 152 d(1981 年),标准差为 24.2 d,极差达 105 d;平均年最大积雪深度为 11.7 cm,最深为 30 cm(2013 年),标准差为 6.3 cm,极差达 26 cm。由此可见冬半年降雪情况有非常显著的年际变化,这导致每年雪灾是否出现、出现时段、持续长度、影响范围和强度都存在显著的差异。

西乌珠穆沁旗降雪日数、降雪量、积雪日数、最大积雪深度都表现出一定的增多/增深的变化趋势(图 9.2—图 9.5),其中积雪日数和最大积雪深度的增多、增深趋势较为明显,速度分别为 3.3 d/10a($\alpha=0.10$)和 1.6 cm/10a($\alpha=0.001$),表明近年来雪灾的致灾危险性有加强的可能。

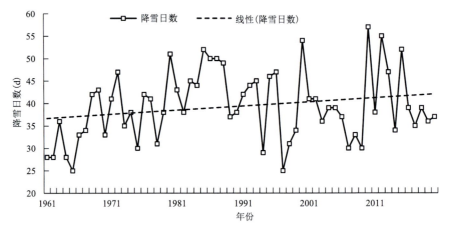

图 9.2 1961—2010 年西乌珠穆沁旗降雪日数

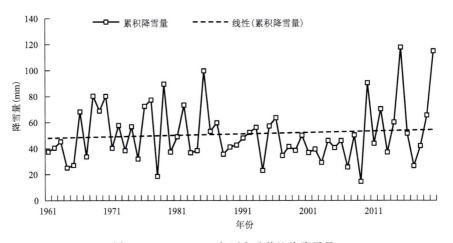

图 9.3 1961—2010 年西乌珠穆沁旗降雪量

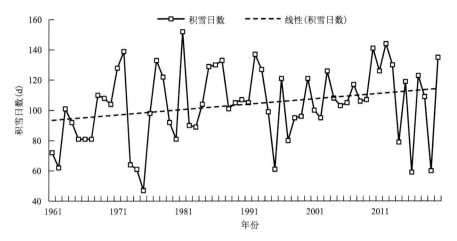

图 9.4 1961—2010 年西乌珠穆沁旗积雪日数

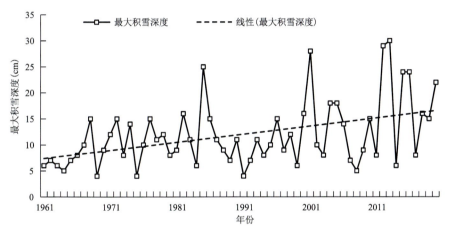

图 9.5 1961—2010 年西乌珠穆沁旗最大积雪深度

9.4 典型过程分析

9.4.1 1977 年白灾

(1)灾情描述:1977 年 10 月 26 日起,全旗普降大雪,形成白灾,灾情持续到 1978 年。全旗共损失牲畜 41.5397 万头(只),死亡率 50.5%。

(2)致灾过程各要素

从筛选出的致灾过程来看,积雪自 1977 年 10 月 27 日起,至 1978 年 3 月 6 日结束,积雪日数为 131 d,降雪日数为 66 d,期间累计降雪量 47.5 mm,最大日降雪量 11 mm,最大积雪深度 15 cm(气象站位置),日最低气温达 −37.8 ℃,日最大风速为 15.7 m/s,最小能见度为 200 m。

此次致灾过程积雪日数居 1961 年以来第 2 位,累计降雪量居第 10 位,最大积雪深度居第

11 位。此次雪灾为锡林郭勒盟 1961 年以来影响最大的雪灾。

9.4.2　1992 年白灾

（1）灾情描述：11 月锡林郭勒盟连降 4 场中到大雪，局部暴雪，形成白灾，713 万头（只）牲畜受到白灾威胁。

（2）致灾过程各要素

从筛选出的致灾过程来看，积雪自 1992 年 11 月 7 日起，至 1993 年 3 月 13 日结束，积雪日数为 127 d，降雪日数为 55 d，期间累计降雪量 23.3 mm，最大日降雪量 4.2 mm，最大积雪深度 7 cm（气象站位置），日最低温度达 −30.1 ℃，日最大风速为 13.7 m/s，最小能见度为 7000 m。

图 9.6—图 9.8 是用遥感数据反演的此次致灾过程中锡林郭勒盟西乌珠穆沁旗及其周边地区 1992 年 11 月 10—20 日积雪深度的变化，图中显示：11 月 10 日，西乌珠穆沁旗东南部形成 1～5 cm 的积雪，5 日后全旗大部分地区覆盖有 1～5 cm 的积雪，10 日后西乌珠穆沁旗西部积雪厚度超过 10 cm。虽然此次致灾过程持续时间较长，但未有成灾记录，可能是防灾能力提高的结果。

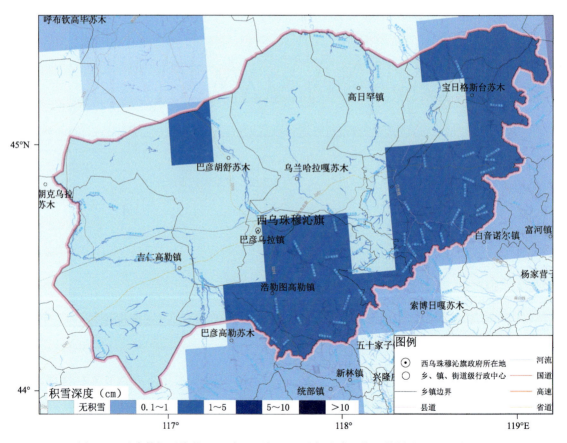

图 9.6　遥感数据反演的 1992 年 11 月 10 日西乌珠穆沁旗及其周边地区积雪深度

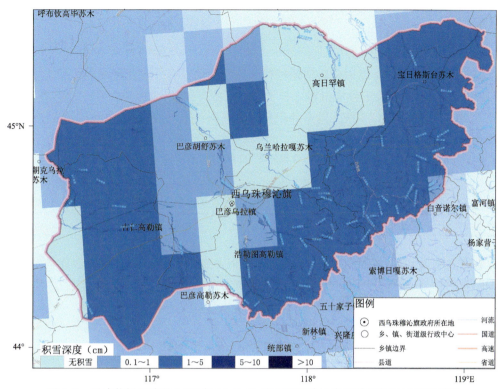

图 9.7 遥感数据反演的 1992 年 11 月 15 日西乌珠穆沁旗及其周边地区积雪深度

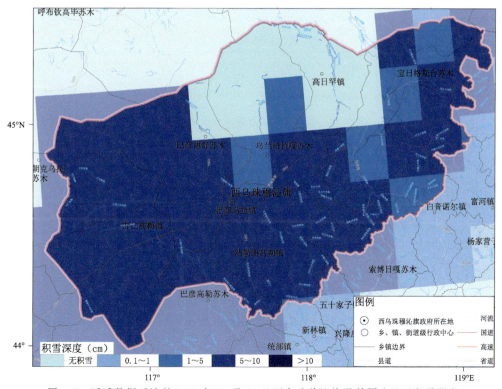

图 9.8 遥感数据反演的 1992 年 11 月 20 日西乌珠穆沁旗及其周边地区积雪深度

9.5 致灾危险性评估

根据确定的致灾阈值,以内蒙古自治区气象局气象信息中心提供的气象数据为基础,对试点旗(县)1961—2020 年雪灾致灾过程进行了筛选。结果显示,总致灾过程 63 次,西乌珠穆沁旗普查共 34 条灾情,其中 14 条无降雪和积雪气象资料与之对应,其余全部包括在筛选出的致灾过程中(表 9.8)。

表 9.8 西乌珠穆沁旗(县)致灾过程筛选结果

	总次数	类型 1 (白灾)次数	类型 2 (对交通和设施农业影响较大)次数	类型 3 (仅对交通影响较大)
西乌珠穆沁旗	63	39	10	14

以普查数据为基础,按照上述技术路线,开展试点旗(县)雪灾致灾危险性评估,并结合人口、GDP、道路信息,按照技术路线中的模型和方法对 3 个试点旗(县)开展了雪灾风险评估。

按照中国气象局《全国气象灾害风险评估技术规范》的分级方法进行统计,全区雪灾危险性分级标准如表 9.9 所示。

表 9.9 全区雪灾致灾危险性等级

危险性等级	含义	指标
4	低危险性	≤0.55
3	较低危险性	0.55～0.60
2	较高危险性	0.60～0.75
1	高危险性	>0.75

表 9.10 是西乌珠穆沁旗与内蒙古其他地区的对比,大部分属于高风险区,平均危险性指数为 0.76,超过了较高、高危险性的阈值 0.75。

表 9.10 西乌珠穆沁旗雪灾危险性评估结果

	西乌珠穆沁旗	巴林右旗	扎赉特旗
评估指数值	0.76	0.57	0.65
等级	高	较低	较高

图 9.9 显示,西乌珠穆沁旗雪灾危险性最高的区域位于中部,即巴彦乌拉镇、巴彦呼舒苏木南部、浩勒图高勒镇北部;危险性最低的区域位于该旗东南部,其余地区危险性介于二者之间。

9.6 灾害风险评估与区划

以普查数据为基础,按照上述技术路线,结合人口、GDP 按照技术路线中的模型和方法对 3 个试点旗(县)开展了雪灾风险评估。如上所述,开展风险评估时,除进行危险性评估外,还需要进行暴露度和脆弱性评估,需具备人口密度、地均 GDP、0～14 岁及 65 岁以上人口数比

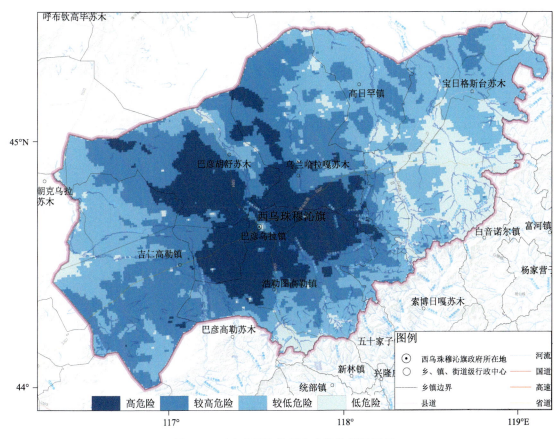

图 9.9　西乌珠穆沁旗雪灾危险性等级区划

重、第一产业产值比重等数据,目前仅收集了"中国公里网格人口和 GDP 分布数据集",故仅进行了暴露度评估,未进行脆弱性评估。除此之外,还结合西乌珠穆沁旗草地分布位置数据,开展了草地雪灾风险评估与区划。

9.6.1　雪灾人口风险评估与区划

根据西乌珠穆沁旗雪灾人口风险评估结果,结合中国气象局《全国气象灾害风险评估技术规范》的分级方法进行统计,人口雪灾风险分级标准见表 9.11。

表 9.11　西乌珠穆沁旗人口雪灾风险等级

风险等级	含义	指标
5	低风险	≤0.368
4	较低风险	0.368~0.404
3	中风险	0.404~0.437
2	较高风险	0.437~0.560
1	高风险	>0.560

根据表 9.11 中的分级标准,对西乌珠穆沁旗雪灾人口风险评估结果进行区划,区划结果

如图 9.10 所示。

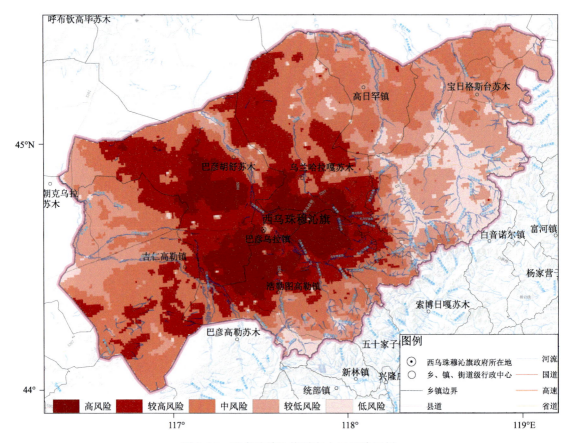

图 9.10　西乌珠穆沁旗雪灾人口风险区划

雪灾人口风险区划结果显示,西乌珠穆沁旗雪灾风险分布趋势与危险性分布趋势基本一致,较高、高风险区主要分布在巴彦呼舒苏木、图拉嘎尔高勒镇、浩勒图高勒镇等区域。

9.6.2　雪灾 GDP 风险评估与区划

根据西乌珠穆沁旗 GDP 风险评估结果,结合中国气象局《全国气象灾害风险评估技术规范》的分级方法进行统计,雪灾 GDP 风险分级标准见表 9.12。

表 9.12　西乌珠穆沁旗 GDP 雪灾风险等级

风险等级	含义	指标
5	低风险	≤0.368
4	较低风险	0.368～0.404
3	中风险	0.404～0.439
2	较高风险	0.439～0.524
1	高风险	>0.524

根据表 9.12 中的分级标准,对西乌珠穆沁旗雪灾 GDP 风险评估结果进行区划,区划结果

如图 9.11 所示。

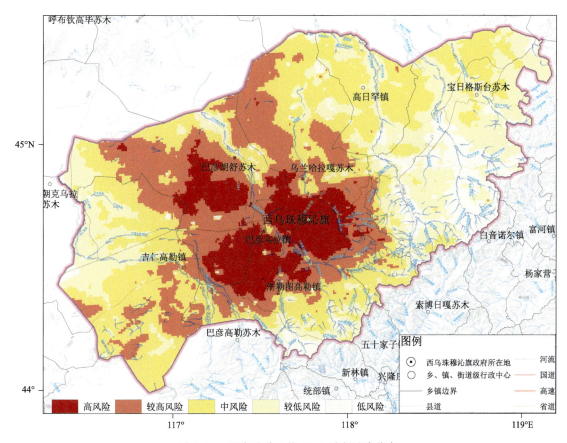

图 9.11　西乌珠穆沁旗 GDP 雪灾风险分布

　　雪灾 GDP 风险区划结果显示,西乌珠穆沁旗雪灾 GDP 风险分布趋势与危险性分布趋势基本一致,较高、高风险区主要分布在巴彦呼舒苏木、图拉嘎尔高勒镇、浩勒图高勒镇等区域。

9.6.3　草地雪灾风险评估与区划

　　根据西乌珠穆沁旗草地风险评估结果,结合中国气象局《全国气象灾害风险评估技术规范》的分级方法进行统计,草地雪灾风险分级标准如表 9.13。

表 9.13　西乌珠穆沁旗草地雪灾风险等级

风险等级	含义	指标
5	低风险	<0.71
4	较低风险	$0.72 \sim 0.77$
3	中风险	$0.78 \sim 0.83$
2	较高风险	$0.84 \sim 0.88$
1	高风险	>0.88

　　根据表 9.13 中的分级标准,对西乌珠穆沁旗草地雪灾风险评估结果进行区划,区划结果

如图 9.12 所示。

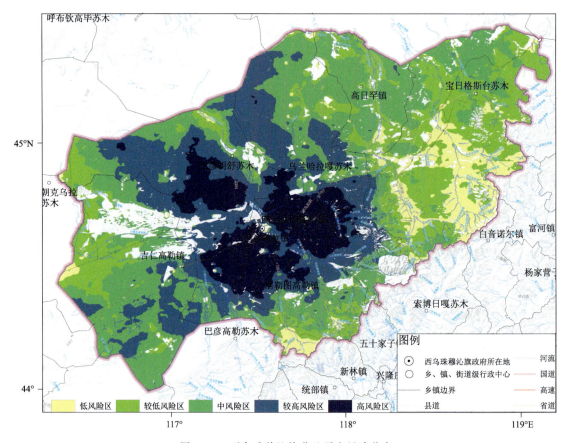

图 9.12　西乌珠穆沁旗草地雪灾风险分布

雪灾 GDP 风险区划结果显示,西乌珠穆沁旗草地雪灾风险分布趋势与危险性分布趋势基本一致,较高、高风险区主要分布在乌兰哈拉嘎苏木、巴彦呼舒苏木、图拉嘎尔高勒镇、浩勒图高勒镇等区域。

9.7　小结

从西乌珠穆沁旗雪灾历史灾情和所筛选的雪灾致灾过程来看,西乌珠穆沁旗是内蒙古区域内雪灾频发的地区,雪灾类型以白灾为主,主要影响牧区社会、经济、生产。从雪灾危险性评估和区划的结果来看,西乌珠穆沁旗与内蒙古其他地区对比,大部分属于高危险区,平均危险性指数为 0.76,超过了较高、高危险性的阈值(0.75)。从人口、GDP 和草地雪灾风险区划结果来看,西乌珠穆沁旗雪灾高风险区主要分布在巴彦呼舒苏木、图拉嘎尔高勒镇、浩勒图高勒镇等区域。